化学物质健康风险评价的理论与应用

曹红斌 著

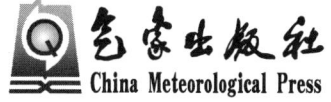

内容简介

本书在介绍环境风险评价的基本理论及方法的基础上,结合科研实践重点阐述了环境风险评价理论在食品安全评价、区域健康风险评价及环境标准制定与修订三个方面的应用。在食品安全评价方面,介绍了食品消费数据调查、膳食暴露调查及膳食暴露评价方法及研究实例,提出了基于食品产地环境监测数据和食品流通分析的膳食暴露风险评价方法,便于从产地源头上控制污染保证食品安全。在区域健康风险评价方面,介绍了多种污染物混合暴露情况下的累积健康风险评价方法及研究实例,涉及主要健康危害污染物的筛选、多种污染物的联合毒性作用及累积健康风险评价方法等内容。在环境标准制定与修订方面,主要介绍了基于健康风险评价的环境基准推导的理论及方法,并通过研究实例介绍了健康风险评价理论在食品及药品安全标准制定、环境标准制定以及现有标准妥当性检验方面的应用。

本书可供环境科学及风险分析领域的研究人员、环境管理部门及高等院校师生参考。

图书在版编目(CIP)数据

化学物质健康风险评价的理论与应用/曹红斌著.
—北京:气象出版社,2012.3
ISBN 978-7-5029-5452-9

Ⅰ.①化… Ⅱ.①曹… Ⅲ.①化学物质-环境质量评价-风险评价 Ⅳ.①O6②X820.4

中国版本图书馆 CIP 数据核字(2012)第 036913 号

出版发行:气象出版社
地　　址:北京市海淀区中关村南大街 46 号　　邮政编码:100081
总 编 室:010-68407112　　　　　　　　　　　发 行 部:010-68407948
网　　址:http://www.cmp.cma.gov.cn　　　　E-mail:qxcbs@cma.gov.cn
责任编辑:张盼娟　　　　　　　　　　　　　　终　　审:章澄昌
封面设计:博雅思企划　　　　　　　　　　　　责任技编:吴庭芳
印　　刷:北京京科印刷有限公司
开　　本:710 mm×1000 mm　1/16　　　　　　印　　张:11.5
字　　数:239 千字
版　　次:2012 年 3 月第 1 版　　　　　　　　印　　次:2012 年 3 月第 1 次印刷
定　　价:30.00 元

本书如存在文字不清、漏印以及缺页、倒页、脱页等,请与本社发行部联系调换

前　言

随着现代化工业的高速发展，各种化学物质的生产日益广泛，越来越多的化学物质被排放到自然界中，造成了严重的环境污染。环境污染反过来又危害人类自身的健康，因环境污染导致的癌症、呼吸道疾病、心血管疾病等的发病率正在增加，这些疾病不但给个人和家庭带了痛苦，降低了人口质量，也给国家和社会带来了负担。因此，化学污染物暴露的人群健康风险评价是一项重要而有意义的工作，是合理有效地实施环境对策和环境风险管理的重要前提。

环境中的污染物种类繁多，毒性效应差别很大。在自然界的迁移、转化及富集规律的不同，导致其在大气、土壤、水、作物中的浓度各异，加之暴露于污染环境中的人群在个体特征及敏感性、暴露持续时间、暴露途径等方面存在差异，使得对化学污染物暴露的健康风险进行准确而客观的评估成为环境风险研究领域的学者一直以来的研究目标。特别是多种污染物同时暴露情形下的累积健康风险评估是环境管理的需求，也是健康风险评价的热点和难点问题。

自 1983 年美国国家研究委员会首次发布评价指南以来，环境风险评价被广泛应用于新化学物质审查、环境标准制定、环境政策评价等环境管理实践中。世界卫生组织、欧盟，以及美国、日本等发达国家的环境标准都是基于环境风险评价理论制定与修订的。我国也认识到环境风险评价在环境管理中的重要性，在国家或部门的一些法规及管理制度中已经明确提出风险评价的内容，2009 年 6 月颁布的《食品安全法》就明确规定"食品安全风险评估结果是制定、修订食品安全标准和对食品安全实施监督管理的科学依据"。然而，基于环境风险评价结果制定环境标准方面的研究才刚刚起步。

本书作者自 1997 年在日本筑波大学攻读博士学位时起，开始涉足环境风险评价领域，在日本产业技术综合研究所及日本国立环境研究所工作期间，参与了甲苯详细风险评价报告书的起草以及日本二噁英类物质的暴露评价研究。回国后，在所承担的国家级及省部级课题的支持下，主要在区域多种污染物混合暴露下的累积健康风险评价、中药材的药材及产地环境污染物安全限量标准研究以及食品安全评价等方面开展了相关工作。通过这些工作，在环境风险评价理论及其在环境管理中的应用方面，取得了一定的研究成果。

本书选取了部分研究成果进行重点介绍，内容主要涉及食品安全评价、区域累积健康风险评价及环境基准制定的基础研究。在食品安全评价方面，基于农副产品产地环境浓度及农副产品的流通统计数据或食品流通模型，建立了消费地居民农副产品中化学污染物暴露量与产地环境污染状况的相关关系。为进一步通过控制产地的环境污染，从源头上降低化学污染物的膳食暴露风险提供了有效方法及数据支撑。在区域环境风险评价方面,根据我国发达地区乡镇工业、农业、生活污染等多种来源多种污染物混合暴露的特点,研究了区域主要健康污染物筛选方法、考虑多种物质的联合毒性作用,采用靶器官毒性剂量法及证据权重法探索了区域混合污染下的乡镇居民健康风险综合评价方法。在标准制定方面,通过污泥农用导致的重金属膳食暴露的风险评估,考察了国家农用污泥及土壤污染物控制标准的妥当性;针对中药的服用规律,确定了中药材黄芩中砷的安全浓度限值;通过盆栽实验确定了药材黄芩对土壤中类金属砷的生物浓缩系数,考察了砷对药材生长及药效成分累积的影响,推得黄芩药材种植土壤砷的安全浓度限值,为其他中药材或农作物有害物质限量标准及其种植土壤安全限量标准的制定提供了方法借鉴。另外,结合区域健康风险评价研究,开发了健康风险评价软件,集成了毒性数据库、化学物质理化性质数据库及模型库,可针对多种暴露途径计算致癌风险、非致癌风险及预期寿命损失。该软件可以满足环境管理者、风险评价专业人员及一般居民等多层次用户的需求。

本书共包括六章内容。第一章介绍了环境风险评价的发展历程、应用现状及本书的重点研究内容;第二章从危害识别、毒性评价、暴露评价及风险表征4个方面介绍了健康风险评价的基本理论和方法;第三章至第五章分别介绍了环境风险评价在食品安全、区域健康风险评价及环境基准及标准制定方面的应用。其中,第三章介绍了食品安全评价中的食品消费数据调查、膳食暴露调查和膳食暴露评价方法及研究实例,提出了基于食品产地环境监测数据和食品流通分析的膳食暴露风险评价方法,便于从产地源头上控制污染保证食品安全。第四章介绍了区域范围多种污染物混合暴露情况下的累积健康风险评价方法及研究实例,涉及主要健康危害污染物的筛选、多种污染物的联合毒性作用及累积健康风险评价方法方面的内容。第五章主要介绍了基于健康风险评价的环境基准推导的理论及方法,并通过研究实例介绍了健康风险评价理论在环境标准制定及现有标准妥当性检验方面的应用。第六章的重点是健康风险评价软件的开发,该软件可针对多种暴露途径计算致癌风险、非致癌风险及预期寿命损失。

本书所包含的主要研究工作得到国家"十一五"科技支撑计划项目(2006BAJ10B03)、国家自然科学基金项目(40871231)、国家科技部科技重大专项(2009ZX09502-026)及北京师范大学自主基金重点项目的资助。参与本书写作的人员及其负责的内容为:第一章(曹红斌、姜阳)、第二、三章(曹红斌)、第四章(曹红斌、贾宜静)、第五章(曹红斌、蒋瑜)、第六章(张郡),全书由曹红斌完成统稿。

在研究过程中,曾得到北京师范大学陈晋教授、日本筑波大学池田三郎名誉教授、日本国立环境研究所铃木规之研究员、樱井健郎研究员等的指导。在本书的写作过程中,得到蒋艳雪、朱美霖、崔斌等的协助。在此表示衷心的感谢。

环境风险评价理论及其在环境管理方面的应用已经受到广泛重视,国内外学者开展了大量研究,本书仅仅是作者在该领域所做的一些探索和实践,其中必定有许多值得探讨之处,且由于时间和能力所限,书中难免存在不妥及疏漏之处,敬请读者批评指正。

目 录

前言
第一章 绪 论 …………………………………………………………… (1)
　第一节 环境风险评价的发展历程 ………………………………… (1)
　第二节 环境风险评价的应用现状 ………………………………… (3)
　第三节 本书重点研究内容 ………………………………………… (5)
第二章 健康风险评价基本理论 ………………………………………… (8)
　第一节 危害识别 …………………………………………………… (8)
　第二节 毒性评价 …………………………………………………… (9)
　第三节 暴露评价 …………………………………………………… (16)
　第四节 风险表征 …………………………………………………… (22)
第三章 食品安全评价 …………………………………………………… (31)
　第一节 食品消费数据调查 ………………………………………… (31)
　第二节 膳食暴露调查 ……………………………………………… (32)
　第三节 膳食暴露评价 ……………………………………………… (35)
　第四节 案例研究 …………………………………………………… (37)
第四章 区域健康风险评价 ……………………………………………… (69)
　第一节 确定主要健康危害污染物 ………………………………… (70)
　第二节 多种污染物的联合毒性作用 ……………………………… (73)
　第三节 复合生理药代动力学模型 ………………………………… (75)
　第四节 多种污染物的累积健康风险 ……………………………… (78)
　第五节 研究实例 …………………………………………………… (82)
第五章 环境基准制定与修订 …………………………………………… (104)
　第一节 环境基准的制定依据 ……………………………………… (104)
　第二节 基准推导的理论与方法 …………………………………… (104)
　第三节 国内外环境基准现状 ……………………………………… (116)
　第四节 案例研究 …………………………………………………… (127)
第六章 健康风险评价系统设计与实现 ………………………………… (153)
　第一节 健康风险评价系统概要设计 ……………………………… (153)
　第二节 健康风险评价系统详细设计和实现 ……………………… (153)
　第三节 系统简明使用说明 ………………………………………… (166)

第一章 绪 论

第一节 环境风险评价的发展历程

风险指不希望看到的事情（结果、影响）发生的概率。该定义包含两个要素即发生的可能性和影响的严重性。环境风险指人类活动所产生的环境负荷对环境造成影响的可能性。广义上的环境风险评价是指评估由于人类的各种社会经济活动所引起或面临的危害（包括自然灾害）对人体健康、社会经济、生态系统等可能造成的损失，并据此进行管理和决策的过程。狭义上的环境风险评价通常指对有毒有害化学物质（包括环境化学物质、放射性物质等）危害人体健康和生态系统的影响程度进行概率评估，并提出降低环境风险的方案和对策。

环境风险评价的发展历程按时间顺序大体可分为以下三个阶段。

第一阶段 20世纪30年代到60年代，即环境风险评价的萌芽阶段。此时的环境风险评价内涵不甚明确，仅采取毒性鉴定的方法应用在人体健康风险评价上。19世纪末至20世纪四五十年代，环境污染引发的中毒事件逐渐增多，尤其是举世闻名的八大公害事件发生后，毒理学家和环境专家开始用毒物鉴定方法进行健康影响分析，这一阶段主要以定性研究为主。例如，20世纪初关于致癌物的假定只能定性说明暴露于一定量的致癌物中会造成健康风险，直到60年代，环境毒理学家才开始用定量的方法进行低浓度暴露条件下的致癌风险评价。

第二阶段 20世纪70年代到80年代，环境风险评价研究处于高速发展期，评价体系基本形成。健康风险评价以美国国家科学院（NAS）和美国环境保护署（USEPA）的成果最为丰富。这其中具有里程碑意义的文件是1983年NAS出版的《联邦政府风险评价管理》。该文件提出风险评价"四步法"，即危害识别、暴露评价、剂量—效应关系评价和风险表征，并成为环境风险评价的指导性文件，目前已被世界各国和国际组织普遍采用。之后，USEPA根据红皮书制定并颁布了一系列技术性文件、准则和指南，包括1986年发布的《致癌风险评价指南》、《致畸风险评价指南》、《化学混合物的健康风险评价指南》、《发育毒物的健康风险评价指南》、《暴露评价指南》和《Superfund场地健康评价手册》，1988年发布的《系统毒物的健康评价指南》、《生殖毒性风险评价指南》等，并且此阶段出现了生物转运模型和肿瘤生物学模型，使得小剂量外推模型的分析更加客观和科学。另外，《Superfund场地健康评价手册》的发布，标志着环境风险评价正在经历一个由单一污染物风险评价向多种污染物累积风险综合评价的转变。

1986年的增补法案中明确指出在可能的条件下研究开发化学污染物复合暴露的健康效应评价方法。

随着重大环境污染事故的增多，人们在关注健康风险评价的同时，事故风险评价也逐渐成为环境风险评价的重点。一般认为事故风险评价沿三条线发展：一为概率风险评价，即在事故发生前预测环境风险，最具代表性的评价体系是美国原子能委员会(NRC)1975年完成的《核电厂概率风险评价实施指南》，亦即著名的WASH1400报告，该报告系统地建立了环境风险评价的方法。二为实时后果评价，即研究事故发生期间有害物质的迁移轨迹及实时浓度分布。范例是中国1989—1992年开发的(秦山)核电厂事故应急实时剂量评价系统。三为事故后果评价，研究事故停止后对环境的影响。范例是1988—1994年由国际原子能机构(IAEA)及欧盟共同发起主持的有20多个国家参加的大型长期国际协调研究项目"核素在陆地、水体、城市诸环境中迁移模式有效性研究"(简称"VAMP")。

第三阶段　20世纪90年代以后，环境风险评价处于不断完善阶段，定量结构-活性相关方法(QSARs)成为健康风险评价常用的方法，并逐渐应用到环境化学、农药化学中。多种污染物复合暴露的累积风险受到更加广泛的关注。与此同时，生态风险评价逐渐成为新的研究热点。随着相关基础学科的发展，环境风险评价技术也不断发展，USEPA对80年代出台的一系列评价技术指南进行了修订和补充，同时又出台了一些新的指南和手册。例如，1992年版的《暴露评价指南》取代了1986年版；1998年新出台了《神经毒物风险评价指南》，同年，在1992年生态风险评价框架的基础上，正式出台了《生态风险评价指南》。其他国家如加拿大、英国、澳大利亚等国也在90年代中期分别提出并开展了生态风险评价的研究工作。另外，欧盟16国于1996年完成《污染场地风险评价协商行动指南》，加强欧盟国家污染场地调查和治理的理论指导和技术交流。其他国家如加拿大、澳大利亚和波兰等国均采用美国提出的风险评价方法。值得关注的是，最近，美国《食品质量保护法》和《安全饮用水法修正案》也都增加了相关内容，要求针对所有膳食和非膳食暴露途径，考虑化学污染物复合暴露对人类健康的潜在影响。

而且，20世纪90年代后期以来，一些学者认识到健康风险评价和事故风险评价的孤立发展带来的缺憾，提出应采用"综合风险评价"(Integrated Risk Assessment)。世界卫生组织(WHO)/联合国环境规划署(UNEP)定义其为"基于科学的方法，在一个评价下统一对人类、生物区和自然资源进行风险评估的过程"，因此人们对环境风险评价关注的范围超出了单纯的事故风险评价和健康风险评价，开始关注政策和人类活动失误所带来的政策风险和战略风险等综合风险。早在1975年Water就提出环境风险评价应包括对政策的意外失误的影响分析，Hilbom把上述概念用到渔业发展中政策失败的后果分析中，这是环境风险评价的一大发展。吴晓青等对政策的环境风险问题的来源和后果进行研究后认为，政策所造成的环境破坏要远远大于建设项目所带来的环境破坏。Gareth Llewellyn 提出战略环境风险评价,Slater 和 Jones 认为要对各种人为政策进行战略性评价,并提出相应的概念模型。虽然环境风险评价已经发展到综合风险评价阶段,但也仅仅是提出了一个概念模型,研究还不完善,对于如何衡量和评价目前还没有成型的标准和理论,这将成为今后环境风险评价研究的重点。

我国的环境风险评价研究起步于20世纪90年代,早期主要以介绍和应用国外的研究成果为主,并没有一套适合中国的有关风险评价程序和方法的技术性文件。1989年3月国家环保局成立了有毒化学品管理办公室,组织有毒化学品的风险评价。1989—1992年,由胡二邦主持完成的秦山核电厂事故应急实时评价系统,是我国第一部比较完备的环境风险评价案例。20世纪90年代以后,在一些国家部门的法规和管理制度中已经明确提出风险评价的内容。国家环保局于1990年下发第057号文,要求对重大环境污染事故隐患进行环境风险评价。在我国90年代的重大项目环境影响报告中也普遍开展了环境风险的评价,尤其是世界银行和亚洲开发银行贷款项目的环境影响报告中均要求必须包含有环境风险评价的章节。1993年,国家环保局颁布的中华人民共和国环境保护行业标准《环境影响评价技术导则(总则)》(HJ/T2.1—1993)规定:对于环境风险事故,在有必要且具备条件时,应进行建设项目的环境风险评价或环境风险分析。同时,该导则也指出"目前环境风险评价的方法尚不成熟,资料的收集及参数的确定尚存在诸多困难"。1997年国家环保局、农业部、原化工部联合发布的《关于进一步加强对农药生产单位废水排放监督管理的通知》规定:新建、扩建、改建生产农药的建设项目必须针对生产过程中可能产生的水污染物,特别是特征污染物进行风险评价。2001年原国家经贸委发布的《职业安全健康管理体系指导意见》和《职业安全健康管理体系审核规范》中也提出"用人单位应建立和保持危害辨识、风险评价和实施必要控制措施的程序","风险评价的结果应形成文件,作为建立和保持职业安全健康管理体系中各项决策的基础"。我国于2009年6月颁布的《食品安全法》也明确规定"食品安全风险评估结果是制定、修订食品安全标准和对食品安全实施监督管理的科学依据"。

第二节　环境风险评价的应用现状

1. 在化学品上市审查中的应用

鉴于目前人类使用的食品添加剂、化学日用品、化妆品、有机溶剂、农药及其他有毒有害化学物质中有很多能导致人类和动物癌变、畸变、基因突变和雌性化,使得化学品的健康风险评价日益受到政府、专家和公众的关注。在20世纪70年代,国外就制定了一系列有毒物质或新化学品的管理法规。例如,2005年以来,USEPA 在执行《有毒物质控制法》新化学物质申报评审过程中,将 PBT 类物质单独划为一个特定类别进行风险评价,以确保从源头上控制和减少这类物质的生产和使用。2006年12月,欧盟颁布了《关于化学品登记、评估、批准和限制条例》(REACH 条例)，对 CMR 类、PBT 类等引起高度关注的化学物质实行登记、风险评价以及审核批准制度，只有获得欧盟委员会批准才能生产、进口、销售和使用。

而与之相适应的化学品风险评价技术，也很快得到发展并趋向规范化。如联合国国际化学品安全规划机构(IPCS)编制的《化学品风险评价：人类健康风险、环境风险和生态风险评价指导文件(1999 年)》，USEPA 颁布的《化学混合物风险评价导则》、《生态风险评价导则》、《致癌物质风险评价导则》和《(化学品风险)社会经济分析导则》等化学品健康和环境风险评价导则文件，欧盟委员会颁布了《关于人体健康和环境风险评价指南文件》、《执行欧盟危险物质指令(79/831/EEC 和 92/32/EEC)决策指导手册》和《关于高关注化学物质鉴别和登记文书准备的导则》等指南文件。这些技术规范和导则在化学品环境管理方面都发挥着重要的技术支撑作用。

2. 在标准制定中的应用

美国《大气净化法》虽然未根据风险评价确定的可允许风险水平制订环境目标值，但规定排放削减对策实施 8 年内对剩余风险进行评价，若个人一生的最大暴露风险超过 1×10^{-6}，就要采取更严格的治理措施。《安全饮用水法》依据风险评价理论制订了健康目标值 MCLG，并在此基础上进一步考虑了社会、经济、技术方面的因素，制订了基准值 MCL，并要求强制执行。

世界卫生组织(WHO)以个人一生暴露所增加的致癌风险为 1×10^{-5} 为基准，制订了饮用水污染物的允许浓度指标值。日本 1993 年在对自来水水质标准进行修订时，针对包含致癌物质在内的一般有机化合物，消毒副产品及农药，明确了"以一生连续饮用也不会对人类健康产生影响为准则，充分考虑安全性来设定基准值"的原则。其中，新化学物质的基准值，大多参照世界卫生组织(WHO)的饮用水水质指南设定，致癌化学物质事实上是以一生致癌概率为 1×10^{-5} 为依据确定的。

日本在第一次根据风险水平确定自来水水质基准值的 3 年后，制订大气环境基准时，中央环境审议会的中期报告《有关今后的有害大气污染物质对策的做法》中明确了"对于没有阈值的物质，由暴露量预测的健康风险足够低时，实际上可视为安全的。以此为依据设定风险水平，并依据该风险水平相应地设定环境目标值是妥当的"基准值制定原则。随后的第二次报告中进一步明确了"现阶段，将一生风险水平 1×10^{-5} 设定为当前的目标值着手制订实施有害大气污染物质对策是恰当的"。这里的 1×10^{-5} 是根据日常生活中各种风险的大小、大气环境领域以外的目标风险水平并听取相关人士意见的基础上设定的。参照 1×10^{-5} 的一生暴露风险水平，苯的大气环境基准值设定为年平均值 3 $\mu g/m^3$。

3. 在风险管理中的应用

1984 年印度博帕尔事故后各国开始对风险管理提出要求，1986 年美国通过《应急计划与社区知情权法》(EPCR) 并提出《应急计划技术指南》。1987 年，欧共体(CEC)

规定,有化学事故隐患的工厂必须进行环境风险评价。1990年亚洲开发银行提出解决环境评价中的不确定性问题,同时颁布了《环境风险管理》。近年来,许多发达国家将环境风险评价纳入环境管理的范畴,环境风险评价已经成为建设项目、区域开发和政策制订的环境影响评价的重要组成部分。1985年世界银行环境和科学部颁布了关于"控制影响场内外人员和环境重大危害事故"的导则和指南。1987年欧盟立法规定,对有可能发生化学事故危险的工厂必须进行环境风险评价。1988年联合国环境规划署(UNEP)制订了阿佩尔计划(APELL),以应对难以防范而又有可能对人类健康和生态环境造成严重危害的环境污染事故。1990年国家环保局发布第057号文,要求对重大环境污染事故隐患进行环境风险评价。20世纪90年代以后,在我国新建或拟建的具有重大环境污染事故隐患的建设项目(如化学工业、石油工业、核电工业、医药工业等)的环境影响报告普遍包含了环境风险评价的内容。目前,环境风险评价的重点集中在与经济开发项目相关的各种危害,包括有毒有害化学物质、放射性物质、易燃易爆物质、危及生命财产的机械设备故障、大型构筑物故障(如水坝)和生态危害(如富营养化)等。

4. 在风险交流中的应用

风险交流作为一门学科,从20世纪80年代的环境科学文献中可以见到相关的研究。根据世界卫生组织、联合国粮农组织《食品安全风险分析:国家食品安全管理机构应用指南》,风险交流是在风险分析全过程中,风险评估人员、风险管理人员、消费者、企业、学术界和其他利益相关方,就某项风险、风险所涉及的因素和风险认知,相互交换信息和意见的过程,内容包括风险评估结果的解释和风险管理决策的依据。2005年3月,美国食品药品监督管理局(FDA)发布了《FDA与公众的风险交流》。2007年11月5日,美国FDA又成立了由15名专家组成的风险交流顾问委员会,任期1~4年不等。该委员会的目的是就如何与公众更好地交流FDA监管药品的风险和效益,以更好地保护和促进公共健康。

综上所述,环境风险评价经历了从萌芽阶段到高速发展不断完善的过程。不同发展阶段关注点不同,解决的问题不同。在美国、欧洲、日本等发达国家,环境风险评价在化学品管理、标准制定、风险管理及风险交流等方面已经得到广泛应用。我国的环境风险评价研究起步较晚,虽然还没有一套适合中国的有关风险评价程序和方法的技术性文件,但很多学者已经开展了大量研究。

第三节　本书重点研究内容

笔者十余年来一直从事环境风险评价方面的研究,瞄准国际研究热点问题,从污染物环境管理的实际需求出发,在食品安全评价、污染物混合暴露下的区域环境风险评价、环境基准制定及环境标准的妥当性检验等方面进行了有益的探索,并开发了健康风险评价软件。

在食品安全评价方面，基于消费地食品消费量调查、食品中有毒有害化学物质分析，考察了经由食品摄入的健康风险。更加具有意义的工作是，分别采用农副产品流通统计数据及食品流通模型，确认了食品的产地信息，建立了消费地居民农副产品中有毒有害化学物质暴露量与产地环境污染状况的相关关系。为进一步通过控制产地的环境污染，从源头上降低有毒有害化学物质的膳食暴露风险提供了有效方法及数据支撑。

在区域环境风险评价方面，根据我国发达地区乡镇工业、农业、生活污染等多种来源、多种污染物混合暴露的特点，研究了区域主要健康污染物筛选方法、考虑多种物质的联合毒性作用，采用复合生理药代动力学模型(Physiologically Based Toxicokinetic Model，PBTK 模型)、靶器官毒性剂量法(Target-organ Toxicity Dose，TTD)及证据权重法(Weight-of-Evidence，WOE)对区域混合污染下的乡镇居民健康风险综合评价方法进行了探索。

在环境基准制定方面，笔者考察了符合《农用污泥中污染物控制标准》的污泥农用方式导致的农田土壤及农作物中重金属富集情况及食用农作物人群的健康风险。从保护人体健康的角度出发，基于健康风险评价理论考察了现行《农用污泥中污染物控制标准》及《土壤环境质量标准》的妥当性。另外，调查了中药材黄芩的入药方式及服用剂量，以正常服药条件下药材所含砷的健康风险在允许范围内为原则，确定中药材黄芩中砷的安全浓度限值；通过盆栽实验确定了药材黄芩对土壤中类金属砷的生物浓缩系数，考察了砷对药材生长及药效成分累积的影响，推得黄芩药材种植土壤砷的安全浓度限值，为其他中药材或农作物有害物质限量标准及其种植土壤安全限量标准的制定提供了方法借鉴。

另外，开发的健康风险评价软件，集成了毒性数据库、化学物质理化性质数据库及模型库，可以通过选择暴露途径，输入暴露参数，方便地计算暴露量、致癌风险和非致癌风险；也可以通过输入暴露量或体内剂量的几何均值和几何标准差，计算预期寿命损失(Loss of Life Expectancy，LLE)。该指标首先由日本学者提出，可以同时表征致癌物质及非致癌物质的健康损害。

本书在环境风险评价基本理论的基础上，分章节重点介绍上述研究工作。

参考文献

白志鹏,王珺,游燕.2009.环境风险评价[M].北京:高等教育出版社.
曹希寿.1994.区域环境风险评价与管理初探[J].中国环境科学,14(6):465-470.
杜锁军.2006.国内外环境风险评价研究进展[J].环境科学与管理,31(8):193-194.
韩蕃璠,樊永祥.2010.国外食品安全风险交流的方法学与应用[J].中华预防医学杂志,44(9):834-836.
胡二邦.2000.环境风险评价实用技术和方法[M].北京:中国环境科学出版社.
李政禹.2009.国外化学品环境管理和技术支撑体系发展概况(上)[J].化工环保,29(5):420-425.
李政禹.2009.国外化学品环境管理和技术支撑体系发展概况(下)[J].化工环保,29(6):504-508.

林玉锁. 1993. 国外环境风险评价的现状与趋势[J]. 环境科学动态，1:8-10.

刘桂友,徐琳瑜,李巍. 2007. 环境风险评价研究进展[J]. 环境科学与管理，32(2):114-118.

毛小苓,赵智杰,张辉. 1998. APELL简介及在环境影响评价中的应用[J]. 环境科学，19(增刊):1-5.

于丽. 2008. 风险评估、风险管理和风险交流三位成一体[J]. 中国处方药，(3):58-61.

中西準子,蒲生昌志,岸本充生,宮本健一. 2003. 環境リスクマネジメントハンドブック. 東京:朝倉書店.

Canadian Council of Ministers of the Environment (CCME). 2001. Canada-wide standards for petroleum hydrocarbons in soil. Available: http:// www. ccme. Ca, 1-8.

COLINCF. 1999. Assessing risk from contaminated sites: Policy and practice in 16 European countries. *Land Contamination and Reclamation*, 7(2):33-54.

Congress of United States. 1996. Food Quality Protection Act Public Law 104170.

Congress of United States. 1996. Safe Drinking Water Act Amendments. Available: http://www. epa. gov/ safewater/sdwa/text. html.

Congress of United States. 1986. Superfund Amendments and Reauthorization Act of 1986. Publ. No. 99-499.

Eleonora W., Dawn I., Rafal K., *et al*. 2002. Human health risk assessment case study: An abandoned metal smelter site in Poland. *Chemosphere*, 47:507-515.

Michael Fryer, Chris D. Collins, Helen Ferrier, Roy N. Colvile, Mark. Nieuwenhuijsen. 2006. Human exposure modelling for chemical risk assessment: A review of current approaches and research and policy implications. *Environmental Science & Policy*. (9):261-274.

National Environmental Protection Council (NEPC). 1999. Guideline on health risk assessment methodology. Available: http://www. epa. Gov. au.

NRC. 1994. *Science and Judgment in Risk Assessment* [M]. Washington, D. C.: National Academy Press.

U. S. Federal. 1986. Guidelines for carcinogen risk assessment.

U. S. NRC. 1975. Reactor Safety Study——An Assessment of Accident Risks in U. S. Commercial Nuclear Power Plants.

U. S. NRC. 1983. *Risk assessment in the Federal Government, managing the process*. Washington, D. C.: National Academy Press.

USEPA. 1986. Guidelines for developmental toxicity risk assessment.

USEPA. 1986. Guidelines for exposure assessment.

USEPA. 1986. Guidelines for mutagenicity risk assessment.

USEPA. 1986. Guidelines for the health risk assessment of chemical mixtures.

USEPA. 1986. Superfund Health Assessment Manual.

USEPA. 1988. Guidelines for health assessment of systemic toxicants.

USEPA. 1992. Guidelines for exposure assessment.

USEPA. 1996. Guidelines for reproductive toxicity risk assessment.

USEPA. 1998. Framework for ecological risk assessment.

USEPA. 1998. Guidelines for neurotoxicity risk assessment.

第二章 健康风险评价基本理论

化学物质的健康风险评价主要包括危害识别、剂量—效应评价、暴露评价和风险表征4个步骤(图2.1)。危害识别通过实验室、现场、临床、职业病及流行病学调查结果的分析,确定主要危害因子及其危害类别,确定评价终点。剂量效应评价主要通过动物毒性实验及流行病学调查,研究毒物的毒性作用机制,确定剂量—效应关系。暴露评价研究污染物在环境中的迁移转化及归趋,确定暴露人群及人群对环境中污染物的暴露途径,依据暴露浓度、持续时间等确定人群对污染物的暴露量。风险表征是综合剂量效应评价和暴露评价的结果,确定暴露人群的可能健康危害效应及健康风险。风险表征包含健康风险的定量估算与表达及对评价结果的解释与对评价过程的讨论,特别是对评价过程中各个环节的不确定性的分析。本章将按照风险评价的4个步骤分别介绍健康风险评价的基本理论。

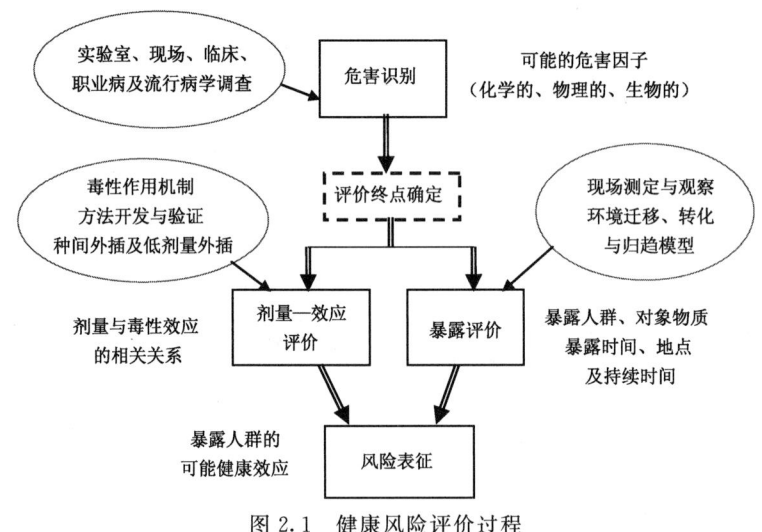

图 2.1 健康风险评价过程

第一节 危害识别

危害识别是根据污染物的理化特性和毒性资料,判定某种特定污染物是否会产生健康危害,并进一步确定其危害后果,如判定其是否具有致癌性等。危害识别阶段需要收集的资料主要包括该物质的理化性质、人群暴露途径与方式、构效关系、毒物代谢动力学特征、毒理学作用、短期生物学实验、长期动物实验及人群流行病学调查等方面的资料。然后对收集的资料进行分析、整理和综合。

危害识别的主要任务是确定危害因子,以及危害因子对人类健康造成影响的种类。化学物质对人类的健康影响种类较多,主要取决于化学物质的性质。美国毒性物质疾病登录机关(ATSDR)收集和解析了许多种化学物质的流行病调查和动物实验结果,将化学物质的危害性分成 7 大类:①死亡;②对呼吸系统、心血管系统、胃肠、血液、肝脏、肾脏、内分泌系统相关的组织及脏器产生的有害影响;③免疫毒性;④神经毒性;⑤生殖及发育毒性(对受精、怀孕、分娩及婴儿的生殖发育产生的有害影响);⑥遗传毒性(对 DNA、染色体、DNA 中基因产生的有害影响);⑦致癌性。除此之外,还有对眼和皮肤的刺激性,鼻喉和皮肤的过敏等化学物质产生的有害性。由于化学物质的致癌性是环境健康风险评价的重要终点,因此,经常根据化学物质的致癌性,将化学物质分成致癌物质和非致癌物质,而风险评价过程也分为致癌风险评价和非致癌风险评价。

第二节 毒性评价

调查化学物质对健康的毒性影响的方法主要有:①细胞水平的毒性试验;②动物个体试验;③少数志愿者为对象的人的暴露试验;④流行病学调查。动物实验的优点是实验条件可控,能够揭示毒性等影响的发生机理;缺点是存在以高浓度暴露为中心进行的实验研究所得结论是否适用于现实环境的低暴露水平,动物实验所得的结果是否适用于人类等,高浓度至低浓度外插、种间外插可能性的问题。流行病学调查的优点是在实际的环境浓度下以人为研究对象进行健康调查;缺点是所需费用很大、时间很长而且存在其他干扰因素。目前开展的风险评价,毒性评价部分主要还是以动物实验为主,但是流行病学调查以其结果的可靠性受到越来越多的重视。

一、动物实验

1. 剂量—效应关系

(1)急性毒性指标

急性毒性是指一次暴露于化学物质、而且是短时间暴露条件下,在较短时间内发生的有害影响。依据化学物质的毒性不同,有的化学物质毒性很强,会导致人体出现严重症状甚至死亡。毒性指标,对于人类来讲,有致死量等;对于动物来说,通常用半数致死量或半数致死浓度来表示。

半数致死量(Lethal Dose 50,LD_{50})是指使实验动物半数致死的推定毒物剂量。经口及经皮给予毒物时,一般指动物单位体重物质给予的毫克数。

半数致死浓度(Lethal Concentration 50,LC_{50})指使实验动物半数致死的推定暴露浓度。所暴露空气中物质为气体时,单位为 ppm;为雾状液体及微小粒子时,单位为 mg/m^3。

半数影响浓度(Effect Concentration 50, EC_{50})与半数致死量及半数致死浓度的考虑方法相同,指半数动物出现死亡以外的影响的浓度,主要用于野生生物实验。

急性毒性实验的目的是通过症状观察找到毒性种类、强度、持续时间、恢复可能及靶器官等的线索,判别慢性毒性实验或特定毒性(例如,神经毒性、免疫毒性及刺激性等)实验实施的必要性以及实验时的毒性剂量建议值。进一步为毒物分类及管理提供参考。

(2)亚急性、慢性毒性指标

日常生活环境中,人类通过食品、饮水、大气及室内空气的摄入或吸入,每天少量地长期摄取或接触某些毒性物质,暴露于毒性物质环境中。为评价针对这类化学物质暴露的有害影响,动物实验中需要依据人类可能的暴露途径确定给药方式,让实验动物在一定的时间里暴露于不同剂量的化学物质,观察其生体形态机能的变化。以大鼠为实验动物,通常持续数周以上的实验叫做亚急性实验、持续3个月以上的实验叫做亚慢性实验、持续2年的长期实验叫做慢性毒性实验。试验期间,通过追踪体重及各脏器重量的变化、化学物质的体内动态、变化与生体机能的相互作用、组织病理学变化,调查有害影响发生的过程及毒性作用机理。通过观察和分析,了解危害种类、靶器官及其与剂量的关系。亚急性、慢性毒性指标主要有无毒性量(NOAEL)、最小毒性量(LOAEL)及基准剂量(BMD)等。

最小毒性量(LOAEL)与无毒性量(NOAEL):与对照群相比较产生统计学上有意义的有害影响时,可观察到的影响产生的最低剂量,叫做最小毒性量(Lowest-Observed-Adverse-Effect Level, LOAEL);观察不到影响的剂量叫做无毒性量(No-Observed-Adverse-Effect Level, NOAEL)。LOAEL与NOAEL指标的推导是基于这样一个认识,即脏器特异毒性、神经行为毒性、免疫毒性、生殖毒性及非基因毒物所致致癌性等大多数种类的毒性作用,都存在一个阈值剂量或浓度,低于该剂量或浓度不会对机体产生有害影响。

图2.2所示为不同情况下的NOAEL与LOAEL。实验中如果某一较低剂量下没有观察到有害影响,而下一个相邻的较高剂量下观察到有害影响发生,那么,这个较低剂量和相邻的较高剂量就分别成为实验确定的NOAEL及LOAEL。然而,在慢性毒性实验中,毒性剂量组不可能设得很多,一般只有3~4组。因此,有可能实验所得结果是,即使最低的剂量组也观察到了与对照组相比有意义的影响。此时,实验没有观察到NOAEL,只能采用LOAEL作为定量判断的参考。实际上,NOAEL真值在实验所得NOAEL和LOAEL之间,如果各剂量组间的剂量间隔过大,就会导致实验所得NOAEL与真值之间有较大偏离,则以NOAEL为参考推定安全水平时就会产生很大的不确定性。

NOAEL及LOAEL是迄今为止剂量效应关系定量指标中应用最广的指标。但是,NOAEL也被认为存在以下问题:①NOAEL是实验暴露剂量中没有观察到有害

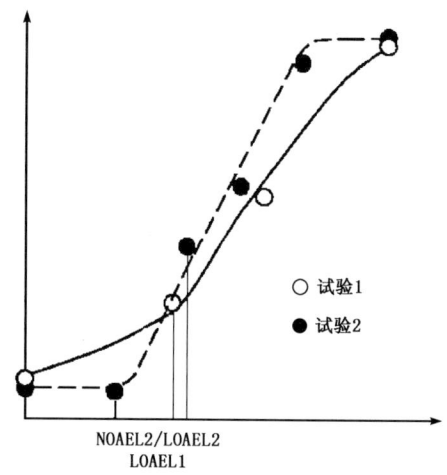

图 2.2　无毒性量 NOAEL 与最小毒性量 LOAEL

影响的最大剂量,更高暴露剂量对应的剂量效应关系没有得到应用;②NOAEL 的大小依赖于实验设定的暴露剂量的间隔;③暴露组个体数越少,NOAEL 的值越大。因为个体数较少时很难观察到低发生率的影响。因此,最近由实验结果的统计分析得出的基准剂量(Benchmark Dose,BMD)被认为是可以替代 NOAEL 的指标。

基准剂量(BMD)指观察阈值范围内剂量效应曲线上一定的效应发生概率所对应的剂量,通常指对应所发生效应的某一概率(例如,5%或 10%)的置信区间下限值(图2.3)。在实测范围内由毒性实验数据拟合曲线,曲线拟合度越好,得到基准剂量的合理推定值的可能性就越高。基准剂量的优点是有效利用了剂量效应曲线的斜率、实验

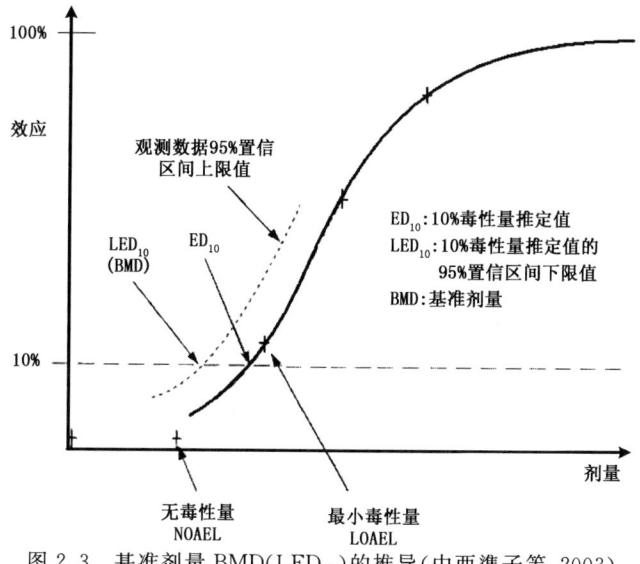

图 2.3　基准剂量 BMD(LED_{10})的推导(中西準子等,2003)

数据的离散状况及不同剂量组的动物数等有用信息。不同于 NOAEL 乘以不确定因子后推导安全剂量,有时会将 BMD 直接与暴露量进行比较。

(3) 致癌性定量指标

不具有遗传毒性的致癌物质,假设其具有阈值,毒性评价指标的确定等与非致癌物类似,如上所述。亚急性、慢性毒性指标主要有无毒性量(NOAEL)、最小毒性量(LOAEL)及基准剂量(BMD)等。具有遗传毒性的致癌物,一般认为其毒性作用不存在阈值。下面主要介绍致癌风险评价中使用的定量指标。

致癌斜率因子(Slope Factor, SF):美国环保署基于癌症发生经历多个阶段的考虑一直使用多阶段模型。该模型应用于人类实际低暴露浓度时高阶项可以忽略,表达为剂量的一阶式(线性)。该模型中直线斜率的 95% 置信区间上限值 q^* 即为致癌毒性强弱的指标,叫做致癌斜率因子。

多阶段模型的一般式

$$P = 1 - \exp(-q_0 - q_1 D - q_2 D^2 - \cdots - q_k D^k) \tag{2.1}$$

低剂量时的近似式

$$P = q^* \times D \tag{2.2}$$

其中,P 为致癌率;q_i 为系数;D 为剂量。

实质安全量(Virtually Safe Dose, VSD):采用剂量效应函数的反函数,由可忽略的致癌风险水平(例如,10^{-6})推得的剂量。即致癌风险非常小,造成反应的暴露水平可以忽略,从风险管理的角度来看,没有必要采取措施。

单位风险(Unit Risk):单位致癌物所导致的致癌率。即吸入暴露时,剂量单位为 $1\ \mu g/m^3$;饮用水暴露时,剂量单位为 $1\ \mu g/L$ 时的致癌风险。经口摄取时,与 Slope Factor 的 q^* 相同。

致癌潜势(Carcinogenic Potential):试验浓度范围内将致癌数据模型化(浓度内插),5% 的肿瘤发生率(Tumorigenic Dose 5, TD_5)所对应的剂量,叫做致癌潜势。它是加拿大等国家使用的指标。该值除以推定暴露量,得到暴露潜势比(Exposure Potency Index, EPI),并依据其大小探讨实施风险削减措施的必要性。

2. 种间外插及低剂量外插

动物实验是剂量效应评价的重要研究方法。但是,动物实验通常投药剂量比较高以便能够观察到毒性效应,而人类实际的暴露环境是低剂量长期暴露;另外,动物及人类在个体大小、形态及机能等方面都存在差异。因此,动物实验得到的数据如何应用于人类,这就需要动物到人类的种间外插及高剂量至低剂量的外插方法。

(1) 种间外插

① 基于体重的外插法

体重是反映人类与动物个体大小差异的指标之一。动物毒性实验计算给药量通常都以单位体重给药量计算,这就基于一个假设,也就是按体重比例给药会产生同样的毒性效应。然而,这个假设并不一定科学。

体表面积(体重$^{2/3}$)指标:100 多年前提出的"体表面积法则"认为维持动物体力的能量消耗量不是与比重成比例而是与体表面积成比例。采用不同大小的动物进行的实验证实这个原则也适合体内的药物作用。毒性实验表明动物种间毒性的差异,可用体表面积的差异来说明。基于此,USEPA 在致癌物风险评价指南中推荐采用体表面积换算值作为种间外插的指标。体表面积等于体重的 2/3 次方。

体重$^{3/4}$指标:"体表面积法则"自提出以来得到广泛应用。但是越来越多的研究与实验发现,能量消耗不是与体表面积(体重$^{2/3}$)而是与体重的 3/4 次方成正比。因此,1996 年 USEPA 新的致癌物风险评价指南建议的种间外插指标为体重$^{3/4}$。

② 严密外插法

以体重$^{3/4}$为指标的外插法仍然是粗略的外插法。更严密的外插法有针对不同化学物质,考虑动物和人类吸收率、体内分布、代谢速率及受体器官敏感性差异的生理药代动力学(Physiologically Based Pharmacokinetics,PBPK)模型法以及适用于颗粒状物质吸入,考虑动物和人类鼻腔大小、肺面积等的形态差异所导致的沉降率差异的 RDDR(Regional Deposited Dose Ratio)法。

PBPK,PBPK/PD 模型法:化学物质的人体致毒过程涉及化学物质的体内吸收,吸收后的体内分布及在目标脏器内的敏感性。因此,从动物外推到人的种间外推过程,应该全面地研究动物和人在化学物质吸收率、体内分布和代谢速率的不同及目标脏器敏感性的不同。PBPK 模型是使用生理学参数,利用计算机模拟方法推测化学物质体内动态和浓度的模型。模型由肺、肝脏、肾脏、脂肪等构成,通过动脉和静脉进行物质在脏器间的转移。模型中的生理参数涉及脏器重量、血流量、呼吸速度等动物固有的参数。另外,还需要脏器中的代谢速率等化学物质的一些特有参数。由于实验动物和人的生理解剖结构相似,可以利用基于一种动物的 PBPK 模型,将人的生理参数代入动物 PBPK 模型,得到人的 PBPK 模型。PBPK/PD 模型则为在 PBPK 模型基础上增加描述毒性反应的药效学(Pharmacodynamics,PD)过程开发的模型。

采用 PBPK 模型进行种间外插时,首先由动物 PBPK 模型计算一定给药剂量的目标脏器浓度,假设人与试验动物到达目标脏器的浓度相等则毒性效应相同,由相同的目标脏器浓度采用人的 PBPK 模型反推人的给药剂量。从而实现从动物外推人体内的药代过程,降低从实验动物外推到人类的不确定性。目前 WHO 在饮用水基准制定中,提倡使用 PBPK 模型进行种间外推。

RDDR 法:考虑到直接作用于呼吸器官的颗粒物和气体中化学物质是通过在肺部的沉积引起毒性,而动物和人的鼻腔、气管和肺的大小不同(表 2.1),流入量不一样,因此动物和人的肺部等的沉积量的比可以用于种间外推。除了呼吸器的形态差异之外,颗粒物的大小(表面积、大小)也是很重要的。粒径大的颗粒物容易被挡在鼻腔,而颗粒小的就会到达肺部。沉积率取决于流入量和颗粒物的大小。鼻腔的流入量越多颗粒物越大,鼻腔表面的沉积率就随之增加,也就是说通过鼻腔的比率就越大。将动物沉积量和人的沉积量之间的比定义为 RDDR,人的无影响作用浓度就等于动物无影响作用浓度乘以 RDDR。美国 EPA 采用该方法设定颗粒物和气体物质的安全基准。

表 2.1 动物呼吸器大小的差异(中西準子等,2003)

	人	大鼠(Rat)	小鼠(Mouse)
鼻腔等(cm^2)	200	15	3
支气管(cm^2)	3200	22.5	3.5
肺(cm^2)	54	0.34	0.05

③ 安全系数法

以上介绍了几种科学的外插法,但是相关参数及有用的数据信息不完备的条件下经常使用安全系数法。动物到人的种间外插的安全系数取为 10。此方法用于推导安全剂量。

安全剂量＝动物的无影响量/安全系数

安全系数也叫做不确定系数,详细介绍参照本章第四节。

(2) 低剂量外插

在许多情况下,实际环境暴露水平低于实验研究的暴露水平。因此,需要对实验范围外的风险进行推断。推断的方法通常有多种,如低剂量线性、非线性或两者兼而有之的方法,其选择主要取决于反应模式。一些研究机构和研究者通常以线性法取代线性多级模型评估致癌风险。

在以下情况下,一般选择线性方法进行剂量效应评估:①当污染物直接诱变 DNA 或者 DNA 效应的其他指标;②反应模式分析不支持直接的 DNA 效应,但剂量效应关系可能为线性;③人体暴露或体内负荷较高,剂量接近于致癌过程中关键事件发生的剂量;④缺乏足够的肿瘤反应信息。

典型的直线外插法是 Gaylor 和 Kodell 提出的直线外插法,也是美国 FDA 管理时使用的方法。该方法首先要算出实验区间最小剂量的 95% 置信区间上限值,再由 95% 上限到 0 剂量引直线,得到低剂量外插直线。该外插直线是最严格稳定的生物学反应曲线,对风险进行过大评价。由此外插直线确定的各种基准值,能够充分保证人类的安全。

USEPA 最近采用的线性外插法与 Gaylor 和 Kodell 方法类似,通过起始点与原点之间的直线完成外插。不同的是,外插的起始点(Point Of Departure,POD)是可由实验数据确定的最低暴露剂量,经常采用 LED_{10}(10% 癌症发生率对应剂量的 95% 置信区间下限值)作为外插起始点。两种直线外插法见图 2.4。

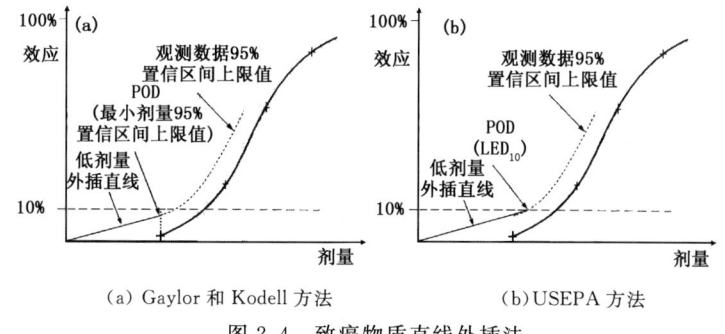

图 2.4 致癌物质直线外插法

二、流行病学调查

流行病学调查研究与健康相关的状态或表现在人群内部的分布及其决定因素,结果用于健康问题的对策制定。流行病学调查的设计主要有三种:横断研究(Cross-Sectional Study)、队列研究(Cohort Study)及病例对照研究(Case-Control Study)。

横断研究是以调查某一时间点的状况为目的的研究。利用调查问卷或体检数据,研究某一时间点的污染物浓度和健康状况的相关关系。由于只研究一个时间点的状况,很难完全确定环境污染和健康影响的因果关系。因而,只能作为一个假说,一种可能性。

队列研究指在一定期间内追踪调查某一群体,了解这一群体是否受到影响,受影响的人数或比例的研究。被追踪调查的群体就叫做队列(Cohort)。有些情况下是调查单一人群,但往往是调查暴露群和比较对照群两个人群,比较其健康影响的差异。需注意的是,比较对照群不一定是未受污染影响的。

该方法可以调查自然状态下疾病的发生,从研究结果的精度等角度看,在流行病学研究中占有重要地位。但是队列研究所需周期长,需要大量的人力、物力。例如,像癌症那样的健康影响,短则需要 10 年,一般需要 20 年的追踪调查。为了能够检查出较多受到影响的个人,对象人群一般要有 5000~10000 人。研究的维持需要大量的人员和费用。

近年备受关注的成功研究案例是在美国环境标准设定中起到重要作用的哈佛六城市研究(Harvard Six Cities Study)。该研究进行了 17 年的追踪调查,揭示了各城市大气污染水平的差异与由于呼吸系统疾病和心血管病所导致死亡之间的关联性。

病例对照研究的精度劣于队列研究,却是最近理论研究发展最快的研究设计。与队列研究不同的是,这里设定了病例群和对照群,分别调查两个人群过去暴露状况的差异。病例群指发病人群,如死亡者、癌症患者或有其他自述症状的人;对照群指对比人群,是成为研究对象的疾病的非发病人群。对照群的设定对于研究的正确性、结果一般化的可能性有很大影响,一定要十分注意。病例对照研究中较为有名的是有关保胎药 DES 的流行病学调查,以宫颈癌发病女性和非发病女性为病例群和对照群,调查了其母亲在怀孕期间服用该药物的情况。

流行病学研究的目的是调查某一要素对健康影响的程度。流行病学调查数据可归纳为下面的四分表(表 2.2),并由式 2.3 计算风险比(Risk Ratio)。

表 2.2 流行病学研究用四分表(中西準子等,2003)

	发病(D)	非发病($\overline{D}$)	合计
暴露(E)	a	b	$m_1(=a+b)$
非暴露($\overline{E}$)	c	d	$m_0(=c+d)$
合计	$n_1(=a+c)$	$n_0(=b+d)$	$N(=a+b+c+d)$

$$\phi = \frac{P(D|E)}{P(D|\overline{E})} = \frac{a/(a+b)}{c/(c+d)} = \frac{a \cdot m_0}{c \cdot m_1} \tag{2.3}$$

风险比计算暴露人群的发病比例与非暴露人群的发病比例的比值。当风险比等于 1 时,污染物暴露对人类没有影响;风险比大于 1,则表示污染物暴露对人类健康有影响,且值越大,对健康的影响也越大。

第三节 暴露评价

暴露定义为环境受体(比如人类)通过外部界面(口、鼻及皮肤)接触环境介质中有害因子的状态。暴露评价是对环境受体暴露于环境介质中有害因子的暴露途径、暴露频度、暴露持续时间及暴露量进行测量、估算或预测的过程,是进行风险评价的定量依据。人类对环境中污染物的暴露途径主要有呼吸吸入、经口摄入及皮肤接触。环境受体的特征鉴定与污染物在环境介质中浓度与分布的确定,是暴露评价中相关联且不可分割的两个组成部分。在进行暴露评价时,应对暴露人群的人数、性别、年龄分布、工作状况、暴露时间、暴露频率、暴露量等指标进行评价。确定人群对某一化学物质的暴露水平,可以采用接触点直接测定的方式,也可以采用情景(Scenario)评价法由环境介质中化学物质浓度结合个体或人群的暴露时间进行推定。环境介质中的浓度或者直接测得,或者由污染物迁移扩散模型推得,或者利用环境监测点数据通过内插方式得到。

一、暴露途径

人类主要通过呼吸、经口摄入及皮肤接触吸收三种暴露途径接触或摄取环境介质中的污染物。呼吸暴露时,空气中存在的气态化学物质及空气动力学半径在 10~15 μm 以下的浮游粒子吸附的化学物质会从外部界面(口、鼻)经由呼吸道(鼻咽、支气管)到达吸收界面(肺泡),并被吸收。肺泡上皮吸收的化学物质进入毛细血管,与血液一同被输送到全身各处。经口暴露时,食物及饮水中的化学物质由外部界面(口)经过食道到达吸收界面(小肠、结肠等消化器官),并被吸收。被吸收的化学物质经由门脉送至肝脏。经皮肤暴露时,皮肤上土壤等附着物中含有的化学物质由外部界面(也是吸收界面)的皮肤吸收。构成皮肤的表皮最外侧的角质层决定了化学物质的透皮吸收速度。通过角质层的化学物质经由内部表皮及真皮进入血液。以上三种暴露途径的暴露界面如图 2.5 所示,各种剂量的定义如下所示。

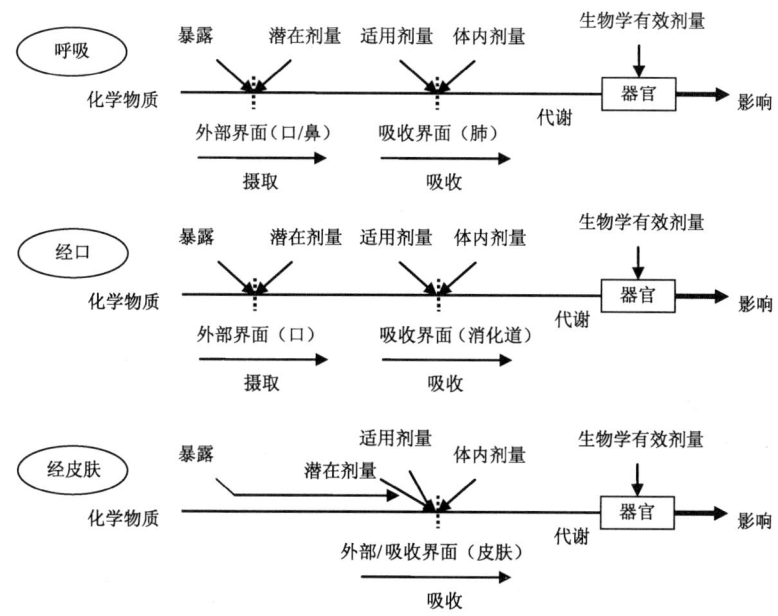

图 2.5　三种主要暴露途径(中西準子等,2003)

潜在剂量(Potential Dose):伴随空气、土壤、食品的摄取,通过外部界面的剂量,叫做摄取量或潜在剂量。具有吸收到体内的可能性。

适用剂量:到达吸收界面具有被吸收可能性的化学物质的量。通过适用剂量被认为与潜在剂量相等。

体内剂量(Internal Dose):实际被体内吸收的化学物质的量,叫做体内剂量。可以由潜在剂量乘以体吸收率求得。体吸收率指可能通过肺泡、消化道及皮肤等吸收界面的化学物质的比例。

生物学有效剂量(Biological Effective Dose):被输送到特定器官、组织的化学物质的量,基于化学物质的体内动态的知识来推定。

二、暴露量推定

采用情景评价法推定暴露量的步骤如下。

① 考察排放源排出的化学物质到达外部界面的可能性。

② 对暴露受体可能吸入、摄取或接触的空气、食品、饮用水及土壤等介质中化学物质的浓度进行监测或采用模型模拟推定。

③ 考虑暴露受体个人或人群的生理学特性（体重、呼吸量等）、行为特征（暴露区域的滞留时间、频率等）及食品摄入量等暴露参数，推测伴随空气、土壤及食品摄取的化学物质的摄取量或潜在剂量。

④ 化学物质体吸收率已知的情况下，由潜在剂量及体吸收率推得化学物质的体内剂量。

情景评价法为了推得化学物质的暴露浓度及潜在剂量所设的一系列假定叫做暴露情景。该方法与其他方法相比，一般花费的费用较低，而且可以用来分析环境对策实施的风险削减效果。较少的数据就能进行评价是该方法的优点；相反，使用少量数据评价结果所含的不确定性又是该方法的不足。

由于暴露途径不同，外部界面及吸收界面不同，影响的发现部位也有所差异，所以目前毒性评价确定的剂量—效应关系主要还是针对呼吸及经口暴露对应的潜在剂量分别处理。例如，USEPA 的 IRIS（Integrated Risk Information System）数据库针对呼吸途径确定了单位风险（Unit Risk，致癌物质）及参考浓度（Reference Concentration，RfC，非致癌物质）；针对经口摄入途径确定了斜率因子（slope factor，SF），致癌物质）及参考剂量（Reference Dose，RfD，非致癌物质）。因此，化学物质的暴露评价也需与此对应推测暴露浓度和暴露剂量。

1. 经口摄入途径

潜在剂量（$Dpot$）：可由食物中的化学物质浓度（$C(t)$）与摄食速度（$IR(t)$）的乘积在暴露期间内积分算出。

$$Dpot = \int_{T_1}^{T_2} C(t) \times IR(t) dt = \overline{C} \times \overline{IR} \times ED \quad (2.4)$$

当 $C(t)$ 与 $IR(t)$ 在暴露期间恒定时，可由暴露期间的平均值计算。ED 为总暴露时间。

评价化学物质长期暴露所致风险时，计算评价期间的潜在剂量平均值。非致癌物质有害影响风险评价时，使用单位体重平均一日潜在剂量；致癌物质风险评价时，使用一生单位体重平均一日潜在剂量。

单位体重平均一日潜在剂量（$ADDpot$）：由 $Dpot$ 除以体重（BW）及平均化时间（AT）求得。

$$ADDpot = \frac{\overline{C} \times \overline{IR} \times ED}{BW \times AT} \quad (2.5)$$

单位体重一生平均一日潜在剂量（$LADDpot$）：由 $Dpot$ 除以体重（BW）及寿命（LT）求得。

$$LADDpot = \frac{\overline{C} \times \overline{IR} \times ED}{BW \times LT} \quad (2.6)$$

当暴露时间很长，包含了儿童期（C）和成人期（A）时，一般两个时期的暴露参数要分别取值，进行计算。

单位体重平均一日潜在剂量($ADDpot$)(分年龄段):

$$ADDpot = \frac{\frac{\overline{C_C} \times \overline{IR_C} \times ED_C}{BW_C} + \frac{\overline{C_A} \times \overline{IR_A} \times ED_A}{BW_A}}{AT_C + AT_A} \qquad (2.7)$$

单位体重一生平均一日潜在剂量($LADDpot$)(分年龄段):

$$LADDpot = \frac{\frac{\overline{C_C} \times \overline{IR_C} \times ED_C}{BW_C} + \frac{\overline{C_A} \times \overline{IR_A} \times ED_A}{BW_A}}{LT_C + LT_A} \qquad (2.8)$$

当各暴露途径或摄取介质的体吸收率(AF)已知时,可由下面公式分别计算非致癌风险评价与致癌风险评价相对应的平均一日体内剂量($ADDint$)和一生平均一日体内剂量($LADDint$)。

单位体重平均一日体内剂量($ADDint$):

$$ADDint = AF \times ADDpot = \frac{AF \times \overline{C} \times \overline{IR} \times ED}{BW \times AT} \qquad (2.9)$$

单位体重一生平均一日体内剂量($LADDint$):

$$LADDint = AF \times LADDpot = \frac{AF \times \overline{C} \times \overline{IR} \times ED}{BW \times LT} \qquad (2.10)$$

2. 呼吸途径

暴露强度(E):暴露期间的浓度($C(T)$)在暴露期间内积分算出。

$$E = \int_{T_1}^{T_2} C(t) dt \qquad (2.11)$$

评价化学物质长期暴露所致风险时,计算评价期间的暴露浓度平均值。非致癌物质有害影响风险评价时,使用平均暴露浓度;致癌物质风险评价时,使用一生平均暴露浓度。

平均暴露浓度(AC):由暴露强度(E)除以平均化时间(AT)求得。

$$AC = \frac{\overline{C} \times ED}{AT} \qquad (2.12)$$

一生平均暴露浓度(LAC):由暴露强度(E)除以寿命(LT)求得。

$$LAC = \frac{\overline{C} \times ED}{LT} \qquad (2.13)$$

3. 经皮肤吸收途径

经皮肤暴露途径的体吸收率、皮肤透过系数非常低,经皮肤暴露计算的潜在剂量远远大于实际的体内剂量。因此,在经皮肤暴露风险评价时,必须计算体内剂量。依据与皮肤接触的介质的不同,计算方法不同。

(1)当与皮肤接触的为液体时,体内剂量($Dint$)由下式计算:

$$Dint = \int_{T_1}^{T_2} C(t) \times Kp \times SA(t) dt \qquad (2.14)$$

其中,Kp为皮肤透过系数(cm/小时),一般为常数;$SA(t)$为暴露表面积;$C(t)$为液体中化学物质的浓度。$SA(t)$与$C(t)$随时间变化。当二者在暴露期间内随时间的变动不大时,可采用其平均值与总暴露时间(ED)计算体内剂量。

$$Dint = \overline{C} \times Kp \times \overline{SA} \times ED \quad (2.15)$$

进一步计算分别针对非致癌风险评价与致癌风险评价的单位体重平均一日体内剂量(ADDint)和单位体重一生平均一日体内剂量(LADDint)。

$$ADDint = \frac{Dint}{BW \times AT} = \frac{\overline{C} \times Kp \times \overline{SA} \times ED}{BW \times AT} \quad (2.16)$$

$$LADDint = \frac{Dint}{BW \times LT} = \frac{\overline{C} \times Kp \times \overline{SA} \times ED}{BW \times LT} \quad (2.17)$$

(2)当与皮肤接触的为固体时,土壤等固体附着物中所含化学物质与皮肤接触时的潜在剂量(Dpot)可用下式计算:

$$Dpot = \overline{C} \times M_{medium} = \overline{C} \times F_{adh} \times \overline{SA} \times ED \quad (2.18)$$

这里,M_{medium}是附着在皮肤上的土壤量;F_{adh}是土壤的附着率(单位时间单位表面积附着在皮肤上的对化学物质经由皮肤的吸收有效的土壤量)。

采用经由皮肤的体吸收率(AF)可以求得体内剂量(Dint):

$$Dint = AF \times \overline{C} \times M_{medium} = AF \times \overline{C} \times F_{adh} \times \overline{SA} \times ED \quad (2.19)$$

固体附着物所含化学物质的经皮肤暴露ADDint与LADDint采用下式计算。

$$ADDint = \frac{AF \times \overline{C} \times F_{adh} \times \overline{SA} \times ED}{BW \times AT} \quad (2.20)$$

$$LADDint = \frac{AF \times \overline{C} \times F_{adh} \times \overline{SA} \times ED}{BW \times LT} \quad (2.21)$$

USEPA颁布的《Exposure Factor Handbook》对暴露评价中涉及的基本概念、设计方案、资料收集和检测方法、估算暴露量等相关方面提供了详细的说明,可以参照该手册进行合理的暴露评价。

三、暴露量测定

前述暴露量的情景评价法是暴露评价的最常用方法。该方法主要适用于人群平均暴露状况的推定,个人实际暴露状况的把握可以采用实测法。依据测定位置在体外或体内,又可分为个人监测(Personal Monitoring)和生物监测(Biological Monitoring)。

① 个人监测测定人体实际暴露点(Point-of-Contact)的大气、水的浓度(暴露浓度)。

② 生物学监测则通过测定体内污染物浓度、生体反应来了解暴露量。被测定的各种指标,叫做生物标志物(Biomarker)。

个人监测及生物学监测在环境中化学物质暴露及发生毒性作用过程中的位置及测定内容如图2.6所示。

1. 个人监测

个人监测测定的是个人实际暴露场景下实际摄取或接触的环境介质(大气、水、食

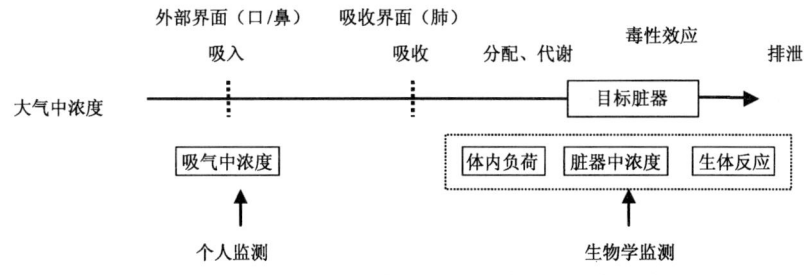

图 2.6　个人监测及生物学监测的位置及测定内容

物)中污染物质的浓度。不同暴露途径下个人监测的常用方法简述如下。

(1)吸入暴露

通过携带小型大气采集装置监测实际吸入的大气中污染物质的浓度。由于放置于口鼻旁边不太方便,一般可戴在胸前或帽子上。小型大气采集装置分为主动采样器(Active Sampler)与被动采样器(Passive Sampler)两大类。主动采样器由小型泵加采样器构成;被动采样器基于物质扩散原理,不用泵。因此,小型方便,但采集速度慢,浓度低的物质在短时间内的测定比较困难。

(2)经口暴露

测定实际膳食中的污染物质的含量,也叫做膳食备份调查。可以反映各种食材的组合、烹调过程中化学污染物的变化,更接近于现实中的实际暴露量。请参见第三章第二节中的详细说明。

(3)经皮肤吸收

主要使用贴在皮肤上的贴纸或擦取皮肤表面的纸巾。主要为职业暴露开发,适用于土壤及气态污染物通过皮肤的暴露。淋浴或游泳时的经皮吸收,由水中浓度及接触水的时间评定。

个人测定所测的只是调查期间(一般是短期间)的暴露。长期的暴露评价,需要进行长期监测或者依据个人离发生源的距离、个人行为、测定日的天气等建立暴露预测模型进行推测。另外,考虑灵敏度、可操作性、费用等因素,不可能对所有的物质、所有的暴露途径进行监测,而是根据调查的目的不同,针对主要的暴露途径进行监测。

2. 生物学监测

生物学监测通过测定体内能够成为暴露证据的指标来了解暴露量。被测定的各种指标,叫做生物标志物(Biomarker)。生物标志物分两种:一种叫做暴露标志物,是体内或特定脏器的物质浓度、代谢产物浓度或其与生体成分结合的产物浓度的总称;另一种叫做影响标志物,测定化学物质的暴露所导致的生体反应。如,生物化学反应、组织学反应、酶诱导、酶活性的变化。

标志物的选择原则为:①必须与暴露量之间有明确的定量关系,这就需要有物质的物理化学特性、暴露模式、体内动态的相关知识;②有物质特异性(其他物质不能产生的标志物)、低定量下限、低费用、样本易于保存等也为必要条件;③采集样本的无创性。

暴露标志物不能直接表达暴露水平(单位通常为 mg/kg/日),其关系依赖于化学物质的药代动力学特性(体内分配、半衰期等)及所测定的脏器等。例如,体内半衰期短的物质,血液中的浓度主要反应新近的暴露;半衰期长的物质,脂肪组织中的浓度反映了过去较长期间的累积暴露。从暴露标志物推测暴露量,可以用药代动力学模型(PBPK)。

影响标志物亦不能直接表达暴露水平。产生影响的性质不同,由影响标志物测定结果所推得的暴露量就不同。例如,不可逆影响为标志物时,其反映的不是某一时间的暴露水平,而是反映了一个累积量。根据物质及所选影响标志物的不同,从受到暴露到影响标志物的测定值产生变化,有可能有一个滞后时间。

生物学监测的特点有:①综合评价多途径暴露。可以考察由环境浓度推测暴露量的方法是否漏掉了主要暴露途径。相反,无法评价个别暴露途径的贡献率。②生物学监测可用于其他方法测暴露量困难时。例如,采样装置戴在身上不方便,经皮肤暴露没有适合的测定方法。③利用半衰期长的物质的暴露标志物或基于不可逆生体反应的影响标志物,可以测定不能直接测定的过去的暴露历史。例如,通过测定保存母乳中的二噁英,可以推测暴露的经年变化。

第四节 风险表征

风险表征是综合剂量－反应评价和暴露评价的最终结果。风险表征主要包括两个方面内容:一是健康风险的定量估算与表达;二是对评价结果的解释与对评价过程的讨论,特别是对评价过程中各个环节的不确定性的分析。风险评价中,对风险进行定量表达有两种方式:对于致癌效应应用风险表示,根据暴露水平数据和剂量—效应关系估算个体终生暴露所产生的致癌概率;非致癌效应以商值法表示,即将暴露量与参考剂量或参考浓度进行比较,得出商值。当商值大于 1 时,表明该污染物的暴露对人群健康造成非致癌健康损害;小于 1 则表明该暴露水平尚不能对健康产生危害。在风险评价的整个过程中,危害鉴定、剂量—效应评价、暴露评价每个环节都存在着不确定性,每个环节都可能会带来偏差,尤其是剂量—效应评价和暴露评价,报告评价结果的同时,对每个环节可能会带来的不确定性进行分析,使管理部门掌握评价结果的可靠度进行决策是十分必要的。

一、非致癌风险

一般认为,对于致癌毒性以外的其他毒性,暴露量与毒性发生的关系(剂量效应关系)存在阈值,即当暴露水平在一定阈值以下时,不发生毒性影响。由于认为低于阈值的暴露是安全的,不会对健康产生影响,风险评价及管理时,暴露量是否超过阈值成为关注的焦点。非致癌化学物质在使用时要注意暴露量不能超过阈值；环境基准、饮用水基准、食品残留基准等很多基准值的确定都是基于暴露量低于阈值的考虑。

对于研究对象物质，证明这一阈值是否确实存在非常困难。在毒性发现的概率、毒性水平非常小时，实际的流行病学调查及动物试验样本数有限，又受到其他干扰因素的影响时，正确的观察非常困难。也就是，既不能证明某一暴露量会产生统计学上有意义的毒性影响，也不能证明该暴露量完全没有有害影响。

1. 安全剂量及不确定性系数

由动物试验及流行病学调查结果得出的 NOAEL 不能直接作为人类是否安全的判定基准，原因是：①人类与实验动物针对同一化学物质的敏感性可能不同；②流行病学调查的对象可能不能代表一般人群；③可能存在样本数少等试验及调查上的不完备；④可能存在试验观察不到的微小健康影响等。因此，用 NOAEL 除以不确定性系数得到对一般人可以看做安全的暴露允许值——安全剂量。

评价非致癌物质健康风险的最常用指标是安全剂量。安全剂量依据最初的研发机构及适用物质的不同，名称有所不同。世界卫生组织（World Health Organization，WHO）使用的每日可接受摄入量（Acceptable Daily Intake，ADI）主要用于食品添加物、兽药及农药等一定目的使用化学物质的残留，每日允许摄入量（Tolerable Daily Intake，TDI）和暂定每周允许摄入量（Provisional Tolerable Weekly Intake，PTWI）用于污染物暴露，后者主要用于不能很快从体内代谢排泄的污染物的暴露。USEPA 使用的参考剂量（Reference Dose，RfD）没有以上化学物质使用的区分，美国毒物与疾病登记署（Agency for Toxic Substances and Disease Registry，ATSDR）使用的最小风险水平（Minimal Risk Level，MRL）描述主要毒性效应所对应的安全剂量。

不确定系数也叫安全系数（Safety Factor），或评价系数（Assessment Factor）。是根据毒性数据和暴露数据的性质确定的一系列系数的乘积，目的是充分考虑评价过程中的不确定性，使现有数据条件下确定的安全剂量能够确保人类安全。表 2.3 所列为不同条件下所对应的不确定性系数。

表 2.3　不确定性系数与修正因子

不确定性系数的种类	取值
UF_H：暴露人群的个体差异	≤10（1,3 或 10）
UF_A：种间外插（实验动物→人类）	≤10（1,3 或 10）
UF_S：亚慢性 NOAEL 替代慢性 NOAEL	≤10（1,3 或 10）
UF_L：LOAEL 替代 NOAEL	≤10（1,3 或 10）
UF_D：数据不完备，例如，个别研究数据评价所有毒性终点	≤10（3 或 10）
MF（修正因子）：上述情况下没有考虑的不确定性，专家进行总体判断确定	≤10（默认值为 1）

注：各种不确定性系数与修正因子的确定依据专家的科学判断，乘积一般不超过 3000。

使用哪种不确定性系数需要依据专家判断。各类不确定性系数一般取10,有恰当的判断的话,也可以取中间值。基于很好设计的动物实验数据,不确定性系数只考虑暴露人群的个体差异 UF_H 和种间外插 UF_A,不确定性系数取 $10\times10=100$。如果使用的是人类流行病学调查数据,则只考虑种间外插 UF_A。如果动物实验的数据不充分,则要考虑其他种类的不确定性系数,不确定性系数会更大。最后专家要根据总体情况考虑表中尚未列出的不确定性因素,给出修正因子取值,得到最终的不确定系数。不确定性系数最大不应超过3000。

不确定性系数10的取值是一个经验值,科学证据并不很明确。最近有研究提出基于数据计算不确定性系数,将原来的不确定性系数10分解为化学物质在体内动态(Pharmaco-Kinetics,药动学)及在体内活性(Pharmaco-Dynamics,药效学)的差异所致不确定性系数。针对人群个体差异,默认值分别取为4.0和2.5;针对种间外插,默认值分别取为3.16和3.16。依据实际数据计算出来的不确定性系数可以替换上述默认值。

2. 非致癌风险评价

非致癌物质风险的评价方法有两种,一种计算危害商值(Hazard Quotient,HQ);一种计算暴露余度(Margin Of Exposure,MOE)。

(1)HQ法

通过比较暴露量及上面确定的安全剂量(比如ADI),来求得HQ值。由HQ值是否大于1来判断非致癌风险的有无。

$$HQ = 暴露量/ADI \tag{2.22}$$

(2)MOE法

计算NOAEL与暴露量的比值,求得MOE。风险管理者依据MOE的值来确定风险削减对策的实施。

$$MOE = NOAEL/暴露量 \tag{2.23}$$

MOE值越大就意味着越安全。MOE值不是HQ值的简单倒数,它使用的是NOAEL,而非ADI,没有考虑不确定性系数。因此,风险管理者要依据NOAEL和暴露数据的不确定性,判断MOE值是否充分。判断的依据与表2.3所示不确定性系数相同,当不确定性系数为100时,MOE值也期望大于100。

混合物的非致癌风险评价详见第四章第四节。

二、致癌风险

致癌毒性,特别是作用机制具有遗传性时,不存在安全阈值,即不管暴露量多小,只要有暴露就产生致癌效应。因此,首先要判断化学物质是否具有致癌毒性(定性评价),存在致癌毒性的前提下,进一步评价致癌风险的大小(定量评价)。

第二章 健康风险评价基本理论

1. 定性评价

某种化学物质对人类是否具有致癌毒性,很多机构都依据流行病学调查、动物实验的结果及类似化合物的相关信息进行了判断分类(表 2.4)。值得注意的是,越是列在上面的分类,说明证明对人类具有致癌性的证据越充分,而非致癌毒性越强。

表 2.4　各机构有关致癌性的认定(中西準子等,2003)

人类致癌性	IARC	USEPA	EU	NTP	ACGIH	日本产业卫生学会
确定的致癌性	1	A	1	a	A1	1
可能的致癌物	2A	B1	2	b		2A
有致癌可能性(人类数据不充分)	2B	B2			A2	2B
仅有针对动物的一定程度的证据		C	3		A3	
无法确定	3	D			A4	
确定的人类非致癌性	4	E			A5	

注:依据各机构的分类定义,进行了对应列表。由于定义的微妙差异,有可能个别物质不符合表中的对应关系。

注:1. IARC:International Agency for Research on Cancer(国际癌症研究机构);2. USEPA:U. S. Environmental Protection Agency(美国环境保护署);3. EU:European Union(欧盟);4. NTP:National Toxicology Program(美国毒性项目);5. ACGIH:American Conference of Governmental Industrial Hygienists(美国产业卫生会议)。

2. 定量评价

化学物质暴露所致致癌风险的定量评价方法,目前应用最多的还是 USEPA 1980年开发、WHO 等各机构及各国家广泛使用的一生暴露致癌概率。致癌概率可由下式计算:

$$R = q^* \times Exp \quad (2.24)$$

式中,R 为一生暴露癌症发生率;q^* 为致癌斜率因子(Slope Factor, SF, per mg/kg/日)或单位风险(Unit Risk, per $\mu g/m^3$);Exp 为污染物单位体重日摄入量(mg/kg/日)或暴露浓度($\mu g/m^3$)。部分物质的致癌斜率因子与单位风险如表 2.5 所示。

表 2.5　部分物质的致癌斜率因子与单位风险

物质	CAS#	年	经口 (per mg/kg/日)	大气 (per $\mu g/m^3$)
丙烯酰胺	79-06-1	1993	4.5	1.3×10^{-3}
镉	7440-43-9	1992	—	1.8×10^{-3}

续表

物质	CAS#	年	经口 (per mg/kg/日)	大气 (per μg/m³)
三氯甲烷	67—66—3	1991	6.1×10^{-3}	2.3×10^{-5}
四氯化碳	56—23—5	1991	1.3×10^{-1}	1.5×10^{-5}
1,4-二氧六环	123—91—1	1990	1.1×10^{-2}	—
砷及化合物	7440—38—2	1998	1.5	4.3×10^{-3}
苯	71—43—2	2000	$1.5\sim5.5\times10^{-2}$	$2.2\sim7.8\times10^{-6}$
1,3-丁二烯	106—99—0	1991	—	2.8×10^{-4}

注:USEPA 的 IRIS 数据库(http://www.epa.gov/IRIS)。

多物质暴露总致癌风险的评价方法见第四章第四节。

USEPA 的综合风险信息系统(IRIS)是一个数据库,其中包含了 300 多种危害人类健康的化学物质的致癌效应数据和非致癌效应数据。该系统的研究是由美国环境评价中心——研究发展办公室发起和完成,数据库中化学物质的毒性数据主要来自参考相关研究的文献,基本涵盖了日常生活中遇到的常见物质。数据库中给出了表达致癌效应的致癌斜率因子(Slope Factor)和表达非致癌效应的参考剂量(RfD)。

三、健康影响指标

费用效果分析(Cost-Effectiveness Analysis,CEA)是风险管理的方法之一。针对政策的全部影响,采用费用和效果来进行综合评价,求得总费用和总效果的比值。这就要求效果之间具有可比性,用具有同类量纲的变量表示。环境风险管理措施的效果即为风险的降低,这就要求不同种类的风险之间具有可比性,采用相同的指标衡量,例如,健康风险中致癌风险与非致癌风险必须能够以统一的指标进行评价。"损失余生"(Loss of Life Expectancy,LLE)和"质量调整生存年限"(Quality Adjusted Life-Year,QALY)就是常用的指标。

① 损失余生

损失余生指的是人群平均寿命的缩短年限。不管是致癌风险,还是非致癌风险效应都会导致暴露人群寿命的缩短。下面简单介绍"损失余生"的推定方法。

一般来讲,

k 岁的平均余生:
$$L(k) = \frac{\sum_{t=k}^{T-1}[s(t)+s(t+1)]/2}{s(k)} \quad (2.25)$$

其中,$s(t)$ 是同年出生人群到 t 岁为止的生存率。假设 $d(t)$ 为 t 岁时的年死亡率,则

$$\begin{cases} s(0) = 1 \\ s(t) = [1 - d(t-1)s(t-1)] \end{cases} \quad (2.26)$$

那么,有害物质所造成的年龄 k 岁人群的损失余生 $= L_0(k) - L_1(k)$

其中,$L_0(k)$ 是自然状态下年龄 k 岁人群的平均余生;$L_1(k)$ 是有害物质所造成的年龄 k 岁人群的平均余生。

② 质量调整生存年限

相同的生存年数,某些不健康的生存状态与健康的生存状态相比较,价值要低。完全健康的生存状态的权重为 1 时,不完全健康的生存状态的权重则小于 1。以健康状态为权重调整后的生存年为质量调整生存年(QALY)。权重则代表生活的质量(Quality of Life,QOL)。

QOL 的确定方法依据其是基于个人的选择偏好还是政策决策者的判断而不同。基于个人的选择偏好的方法主要有基准博弈法(Standard Gamble,SG)、时间得失法(Time Trade-Off,TTO)和得分尺度法(Rating Scale,RS)。

基准博弈法:假设针对现在的健康损害已经开发出一种治疗方法,采用此方法治疗,p 的概率恢复完全健康的状态;$1-p$ 的可能性造成死亡。p 值多大时你会选择接受治疗? 被调查者所选定的 p 值即是最初健康状态的 QOL。

时间得失法:依现在的健康状态可以再生存 20 年,你愿意交换完全健康的生存状态再生存多少年? 所得到的年数与 20 年的比,即为现在生存状态的 QOL。

得分尺度法:给受试者一把像温度计刻度那样的尺子,最优的健康状态为 100,死亡为 0,让受试者直接在尺子上标出现在的健康状态所处的位置。

研究 QOL 的文献很多,表 2.6 列出的是与有害化学品健康影响相关的推定值。针对每一种有害化学品,研究其对人类健康及日常生活的影响程度,得出恰当的 QOL 值,对有害化学物质风险管理措施的成本效果评价具有重要意义。

表 2.6 QOL 的估值(中西準子等,2003)

影响	QOL	参考文献
丘疹	0.89	Gold et al.,1998
焦虑	0.89	Tengs et al.,2000
焦虑	0.91	Flyback & Wallacc,1993
抑郁症	0.83	Flyback & Wallacc,1993
糖尿病	0.89	Tengs et al.,2000
糖尿病	0.76	Flyback & Wallacc,1993
慢性肝炎	0.94	Tengs et al.,2000
不孕	0.93	Drummond et al.,1997

四、健康风险评价的不确定性

所谓风险,是指遭受破坏或者损失的可能性。化学物质的健康风险评价是指从暴露分析到危害评价的一个整体有机的过程,其包括4个部分:危害识别,暴露评价,剂量—反应,风险表征和风险管理。而不确定性分析,是贯穿风险评价的整体过程(图2.7),通过降低风险评价中的不确定性,使得风险评价的结果更加科学,更易被决策者和公众所接受。风险评价过程中的不确定性主要是三种因素导致的:第一是客观世界内在的随机性,第二是人类对客观世界认识的不完全性,第三是评价方法本身的误差。

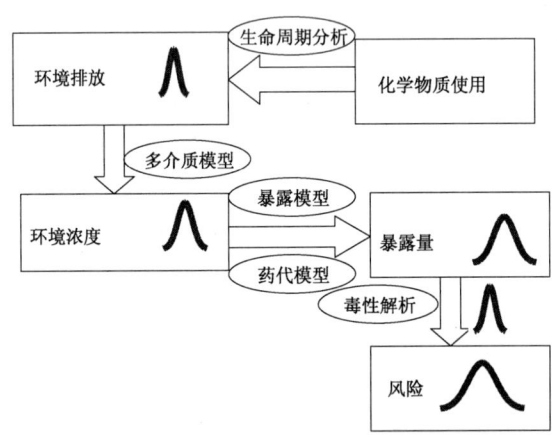

图2.7 不确定性在风险评价过程中的传播过程(胡建英等,2010)

危害识别建立在监测数据的基础之上,监测的误差、危害识别过程中对客观世界认识的不完全,都将产生不确定性。

暴露评价是指计算化学物质从排放到进入人体目标器官的化学物质浓度或者量的过程。整个流程可能涉及物质从生产到不同使用环节的整个生命周期,物质进入环境后在不同介质中的分配,降解等的多介质模型,以及进入人体后通过血液输送在不同器官中的分配和代谢的药代过程。但是从大的分类而言,暴露评价中的不确定性主要分为两类,也即模型的不确定性和参数的不确定性。模型是对真实世界的模拟与简化,与真实世界存在一定的差异。

参数的不确定性可以分为两类,即"Variability"和"Uncertainty"。前者主要是由于客观世界的差异而导致的个体之间的不同,被称为"差异性(Variability)"。后者是由于现有知识的局限,导致参量估计的不准确,被称为不确定性"Uncertainty"。图2.8为暴露人群呼吸量的累积概率曲线,可以很好地说明"Variability"和"Uncertainty"的含义。横坐标为呼吸量,纵坐标为累积概率。实线表示的是呼吸量的个体差异"Variability",而虚线则表示呼吸量测定不准确的不确定性"Uncertainty"。虚线对应着实线上每一个呼吸量的上下区间。只考虑差异性"Variability"的人群呼吸量的5%~

95%分布范围(a)和同时考虑"Uncertainty"的 5%～95%分布范围(b)是不同的。

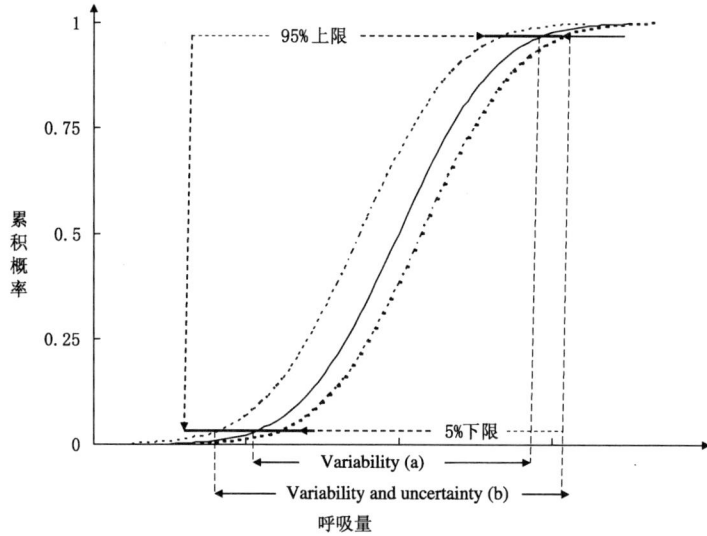

图 2.8　暴露人群呼吸量的累积概率曲线(胡建英等,2010)

身边环境浓度的差异、生活习惯的不同、呼吸量及摄食量的不同等,造成同一研究人群的个人暴露量不同。敏感性的个体差异会导致体内负荷、目标脏器浓度及毒性效应的不同。

敏感性的个体差异包括药物动力学(Pharmacokinetics)个体差异及药效学(Pharmacodynamics)个体差异。前者指由吸收、代谢、排泄及脏器血流的大小等的个体差异所导致的相同暴露量对应的体内负荷量和目标脏器的物质浓度的不同;后者指体内负荷量和目标脏器的物质浓度相同时,毒性影响发生的个体差异。

毒性评价过程中存在对毒性作用机制认识不够、实验设计不严谨、指标测定误差、模型拟合偏差、种间外插及低剂量外插的不确定性等一系列不确定性。

风险评估方法的妥当性及各阶段不确定性的传递,导致最终的风险评估具有很大的不确定性。蒙特卡罗法考虑所有输入参量的变化,模拟输出结果的概率分布,因此,可以用来推定由各暴露参数的不确定性导致的风险不确定性的概率分布。

蒙特卡罗法(Monte Carlo Method)是一种以概率统计理论为指导的数值计算方法。该方法通过随机抽样,对于那些由于计算过于复杂难以得到解析解或根本没有解析解的问题,求出数值解。其计算步骤主要包括:首先利用一个随机数发生器对各输入变量按照其概率密度函数分布取值,输入各输入变量,得出输出结果;然后对输入变量随机取值 n 次,得到 n 次输出变量,并且由这 n 次输出变量得出输出变量的概率分布。蒙特卡罗法的关键是随机数的发生和各变量分布的选取。

蒙特卡罗法应用于健康风险评价,使得风险的计算由基于各变量数学期望的风险的点推定值变为基于各变量概率分布的风险的统计分布。将风险评价过程中各阶段的不确定性有效地反映到最终的风险概率分布中,为风险评价者提供内容更加丰富的信息。特别是,Crystal Ball 等商业软件的开发,使蒙特卡罗法的应用更加简便。主要步骤如下。

(1)与定值计算相同,首先针对所研究的化学物质建立包括各种暴露途径的风险计算模型。

(2)对于每个随机变量,给出其离散的或连续的概率密度函数。概率分布由实际调查数据或推测数据确定。可以用对数分布,正态分布等参数分布去拟合,也可以从调查数据中随机抽取。

(3)对随机变量间的相关性进行表征。

(4)选择随机数发生方式和重复计算次数,运行程序,得到风险的概率分布。

(5)进行灵敏度分析,确定决定风险不确定性的主要变量。

采用蒙特卡罗法进行健康风险评价的关键问题及难点问题是各随机变量概率分布的确定,往往由于数据信息量不足难于确定,或不能真实反映实际的变异及不确定性。

参考文献

胡二邦. 2000. 环境风险评价实用技术和方法[M]. 北京:中国环境科学出版社.

胡建英,安伟,曹红斌,董兆敏. 2010. 化学物质的风险评价[M]. 北京:科学出版社.

中国环境科学研究院. 2010. 水质基准的理论与方法学导论[M]. 北京:科学出版社.

中西準子,蒲生昌志,岸本充生,宮本健一. 2003. 環境リスクマネジメントハンドブック[M]. 東京:朝倉書店.

Gaylor DW, Kodell RL. 1980. Linear Interpolation algorithm for low dose risk assessment of toxic substances. *J. Environ. Pathol. Toxicol*, **5**:339-348.

J. L. Herrman and M. Younes. 1999. Background to the ADI/TDI/PTWI, *Regulatory Toxicology and Pharmacology*, **30**:109-113.

USEPA, 1994. Methods for derivation of inhalation reference concentrations and application of inhalation dosimetry. EPA/600/8－90/C66F.

USEPA, 1996b. Guidelines for carcinogenic risk assessment. *Federal Register*, **61**:17960-18011.

USEPA, 1999a. Draft Guideline for Conducting Health Risk Assessment of Chemical Mixtures [R]. *Federal Register*, **64**:23833-23834.

USEPA, 2000b. Methodology for Deriving Ambient Water Quality Criteria for the Protection of Human Health. *Technical Support Document Volume* 1: Risk Assessment. Office of Water. Office of Science and Technology, Washington DC. EPA－822－B－00－005.

USEPA. 2011. Integrated Risk Information System (IRIS) database(http://www.epa.gov/IRIS).

USEPA. 1986. Guideline for carcinogenic risk assessment. *Federal Register*, **51**:33792-34003.

USEPA. 1996a. Proposed guideline for carcinogenic risk assessment. *Federal Register*, **61**:17960-18011.

USEPA. 2011. Exposure Factors Handbook, EPA/600/R－090/052F, (http://www.epa.gov/ncea/efh/pdfs/efh-complete.pdf).

第三章 食品安全评价

　　食品安全是国家安全的重要内容之一,关系到国家和社会的稳定发展,关系到每个公民的生命和健康。根据世界卫生组织(WHO)的定义,食品安全(Food Safety)是指"对食品按其用途进行制作和(或)食用时不会使消费者健康受到损害的一种担保"。目前,在食品安全概念的理解上,国际社会已经基本形成共识,即食品的种植、养殖、加工、包装、储藏、运输、销售、消费等活动符合国家强制标准和要求,不存在可能损害或威胁人体健康的有毒、有害物质致消费者病亡或者危急消费者及其后代的隐患。

　　食品安全要求食品对人体造成的急性或慢性损害应在社会可接受水平的范围内。食品安全起初是一个较为绝对的概念。后来人们逐渐认识到,绝对安全或者不存在丝毫的危险是难以做到的,食品安全更应该是一个相对的、广义的概念。一方面,任何一种食品,即使其成分对人体是有益的,或者其毒性甚微,如果食用数量过多或使用条件不合适,仍然可能对身体健康引起毒害或损害。另一方面,即使食品中含有有毒有害成分,如果其含量足够低,也不会对人体健康造成损害,或者损害是在可接受的范围内。因此,评价一种食品或其成分是否安全,不能单纯地看它是否含有"有毒、有害物质",更要紧的是看食品所含的这些物质是否对人体健康造成了实际危害,危害的程度如何。

　　国外的食品安全管理和食品安全标准制定是建立在风险评估基础之上的,首先对影响食品安全的物质和元素进行长期实验、跟踪、比较,然后进行长期风险评估之后再逐渐试行,经过试行后最终才确定标准。我国于2009年6月颁布的《食品安全法》也明确规定"食品安全风险评估结果是制定、修订食品安全标准和对食品安全实施监督管理的科学依据"。食品安全风险评估是依据健康风险评价理论进行的。

　　一般来说食品安全的主要危害因子可分为三类,即生物危害因子、化学危害因子和物理危害因子。有毒有害物质通过各种途径污染食品。食品中的化学污染物可以根据来源大致分为环境污染、天然含有、人为添加和食品供应过程四大类。本章主要以食品中的外源性污染物为研究对象,采用暴露评价与健康风险评价的理论,研究食品安全问题。主要内容有食品消费数据调查、食品样本的采集及化学分析、食品中外源性污染物的暴露评价及健康风险评价。特别是基于产地环境监测及食品流通信息的暴露评价理论,为从源头上控制污染,保障食品安全提供支撑。本章最后介绍的研究实例可进一步加深对该方法的理解。

第一节　食品消费数据调查

　　基于食品成分含量测定的暴露评价方法主要有全膳食(Total Dietary 或 Market-

Basket Study)调查、主要食品的选择调查及食品备份(Food Duplicate)调查 3 种。前两种方法在计算暴露速率时,需要调查食品消费数据。分析食品样本中风险原因污染物的含量,化学分析得到的样本中的污染物浓度乘以食品消费速率,可以算得每个人的污染物暴露速率。

一、个人或家庭实际消费食品量的调查

个人或家庭实际消费食品量的调查主要有食品记录法(Food Diary)、回忆法(Dietary Recall)、食品消费频率法(Food Frequency)。

食品记录法:调查对象对所消费的食品的种类和量进行记录。记录时间一般为 24 小时。所消费的食品数量应尽可能被精确测量,其数量可通过称重或测量容器而确定。该调查不适用于经常在外吃饭的人。

回忆法:调查对象针对调查实施者的提问,对过去某一时间段(通常为 24 小时)所消费的食品的种类和量进行回答。调查通常以面对面的形式进行,也可以通过电话或互联网方式进行。

食品消费频率法:调查对象针对所提供的食品一览表,填写某一时间内某一食品消费的频率。一般不记录消费量,消费量参考上面两方法确定。

二、地区或家庭食品收支调查

地区或家庭食品收支调查主要有家庭食品消失(Household Food Disappearance)法和全国食品消失(National Food Disappearance)法。

家庭食品消失法:调查一定期间(通常为一周)内家庭全员的食品收支。已经消费掉的食品的量除以家庭成员数,算出人均食品消费速度。

全国食品消失法:针对某一食品的生产、使用、进出口等计算的全国收支除以人口,得出人均消费量,是一个概算,仅在其他方法施行困难时使用。

第二节 膳食暴露调查

一、全膳食研究(Total Diet Study,TDS)

将市场上购买的食品样品进行烹调,分析其所含化学成分含量,结合食品消费数据,就可以推得通过日常膳食对所研究化学成分的暴露量。购买市场流通的食品,组成代表某一人群的平均日常膳食结构的膳食样品,这样获取的膳食样本就叫做市场菜篮样本(Market Basket Sample)。将市场菜篮样本烹调至可以端上餐桌的状态,再进行化学分析。分析得到的化学污染物的浓度乘以各食品(群)的消费速率,可以推测调查对象通过日常膳食对某一化学物质的暴露速度。具体步骤如下。

(1)依据食品消费数据,列出组成 market basket sample 的食品一览表。根据调查目的和资源(人力、物力和财力),所设计的一览表要尽量包含主要食品种类,重量或热量摄取接近摄取总量的100%。食品分类参照《中国人群的膳食与营养状况》调查。

(2)食品购买场所的选定和采集步骤的确定。根据做成的食品一览,考虑烹调及分析的余量,决定购买量。烹调时使用的调料(盐、油、水等)也一并购买。饮用水也尽量在当地获得。样品的购买在数日内进行,然后送到分析地点。注意采样运送过程中防止样本的损伤、污染及样本的混淆。

(3)食品烹调。在分析地点,先进行食品烹调,即通过被消费状态的食品的分析,来预测风险原因物质的暴露。烹调按一定步骤进行,还要注意避免污染。有必要的话,还要对当地的烹调习惯进行调查。烹调完的样本,冷藏或冷冻保存,直到分析完毕。

(4)样品分析。样品分析时可以按食品群混合后进行分析,也可以分析个别食品的浓度。

按食品群混合:按食品消费数据的比例混合。以乳制品类为例,按牛奶 $x\%$,黄油 $y\%$,乳酪 $z\%$,等,混合后进行分析。分析得到的浓度,再乘以乳制品类全体的消费速度,得出源于乳制品类消费的对某一被调查污染物的暴露量。该方法的优点是可减少分析样本数,按10个左右的食品群分类,可以得出比较正确的暴露推定量;缺点是可能会出现稀释效果,即某一高浓度食品与其他低浓度样品混合后,浓度变低,低于检出限的话,则不能检出。

单个食品分析:分析所得个别食品的化学物质浓度与消费速度相乘可推得暴露速度。优点是只要能够得到食品消费数据,可用于任何调查人群的暴露量推定,而且不会出现稀释效果。只是为了保证代表性,需要分析 100~200 个单个食品。

全膳食调查的优点是:①考虑了烹调所造成的食品中被调查化学物质的浓度变化;②能够了解哪种食品或哪个食品群对被调查化学物质暴露的贡献率大。缺点是:①不能获得个体差异及高风险个人或小集团的信息;②要得到全国的代表值,需要比较多的资源,要在各个地区采样分析。

二、主要食品的选择性调查

主要食品的选择性调查是针对占有食品消费量的大部分的主要食品(群)或消费量虽少,但浓度可能较高的食品(群)进行的调查。代表食品样本中的浓度乘以食品消费量得出被调查人群源于日常膳食的对某一化学物质的平均暴露量。食品(群)不一定要烹调或加工,适用于少数食品(群)即对被调查化学物质的暴露起决定作用的情况;或对象人群只消费很少种类的主要食品(群),比如婴儿。食品中被调查化学物质的浓度可以实际去测,也可以借用国内外已有数据。对象地区或国家的消费数据无法获得时,也可以使用类似地区或国家的数据。

该方法的优点是：①只要获得了主要食品（群）的食品消费数据及被调查化学物质的浓度数据，就可以计算不同人群的暴露量；②不会发生混合所造成的稀释效果；③使用不同情报源的数据可粗略估算暴露量。缺点是：①根据调查对象食品（群）选择的不同，分析所需资源不一定比 TDS 小；②根据未烹调加工食品的分析得出的结果，无法考虑烹调、加工的影响。

三、膳食备份调查（Food Duplicates Survey）

要求被调查人群在准备膳食时，多做一人份儿，收集并分析，从而调查某一人群来源于日常膳食中特定化学物质的暴露量。调查步骤如下。

被调查者从调查对象母集合中随机抽出。调查的性质决定了被调查者人数一定程度上受到限制。以风险原因物质的长期暴露评价为目的时，调查时间至少在 3 天以上，尽可能在 7 天以上。还需要考虑被调查者的负担，考虑到工作量、费用和运输问题，一般来讲，一顿饭或一天的食品，必要的话，加上饮用水，一起制成混合样本。特定的食品对暴露的贡献率比较大，混合样本会出现分析上的问题时，特定的食品，固体-液体分开送检。家庭外吃的食品，也要备份带回。样本放在不会发生污染的容器中冷藏或冷冻保存，适当间隔回收。分析值（浓度）与总膳食量（消费速度）相乘，得出暴露速度。

该方法的优点是：①可最正确地测定个人暴露量；②可获得暴露量的个体差异；③不需要食品消费数据；④小集团暴露推定时，所需资源不多；⑤可以反映各个家庭烹调习惯的差异；⑥调查自家消费量，非市场流通食品的暴露也可掌握。缺点是：①调查对象的人数很难太多；②调查参加者的负担比较重；③有可能不能代表长期平均食品消费；④各个食品的贡献率难于确定。

为了解每个人的膳食结构，有效利用调查结果，建议膳食备份调查期间及前后，同时进行食品消费数据调查。调查期间、之前、之后的记录，可以用来确认膳食备份调查期间食品的消费是否为平均的消费状况。还可以确认调查时每个人单位体重的摄食速度，是否与调查对象母集合的代表值有较大的差异，从而确认调查的有效性。

四、化学分析

要确认日常膳食暴露调查所收集的食品中是否存在风险原因物质，需要恰当的定量分析手段。分析能力和费用决定了调查计划和样本采集方法的不同，因此，调查计划阶段就应与负责化学分析的人员交换意见。

食品混合样本是复杂的混合物，调查对象物质为低浓度时，化学分析有时比较困难。分析结果为低于定量下限（检出下限），就意味着浓度低于现有分析技术能以足够的精度报告的定量值范围。此时，测定值的推定值在定量（检出）下限与零之间，整理报告结果时一定要同时记录定量（检出）下限，不能记为零。分析过程中会伴随这样的不确定性，计划阶段就应考虑到依据调查目的将这样的不确定性控制在允许的程度。

随着认知的进步,当目前尚未成为我们关注对象的风险原因物质的暴露调查成为必须时,保存的样本将成为直接测定过去暴露量的宝贵样本。因此,有时会将调查所得样本的一部分与相关信息一同保存。

调查计划和实施时的注意事项:实施调查时,首先要考虑调查可用资源、调查对象的特征和负担,选择并修正调查方法,制订调查计划。因此,要针对预定调查对象母集合的一部分实施预调查,必要的话修改实施要领后,再实施调查。在选定调查对象母集合时,要明确调查目的是了解地区或全国平均状况,还是可能的高风险人群的状况。

个人及人群的食品消费本来就有分异,有变动。不管采用哪种方法,得到的结果都只能大概推测长期的日常膳食暴露。特别是短时间一次的调查结果,很难反映长期暴露情况。只有当被调查者人数足够多时,才能近似地得到与母集合全体的长期平均暴露等同的结果。因此,要尽可能采用多种方法,比较其结果进行综合评价。只使用一种方法时,要每隔一定时间进行一次调查,对多次的结果进行比较研究。

调查整体精度的计划管理,对于得到对调查目的有意义的结果非常重要。样本的采集、保存、运输、分析及结果的报告都同等重要,哪个过程中出现问题都会对调查结果产生重要影响。还有,从统计学抽样的角度预先研究调查计划非常有用。例如,调查值分布分散的原因及其影响的把握,代表样本的选定,母集合值的分布形状,分布的统计值(例如,中值、平均值、90%分位点等),需要考虑调查计划是否适合做这些分析。

第三节　膳食暴露评价

一、基于消费地食品中有害化学物质浓度的暴露评价

上节中介绍的膳食暴露调查方法,直接采集膳食备份进行分析,了解居民一日三餐摄入的某一化学污染物的量。也可以通过采集分析当地市场上食品样本中化学污染物浓度,结合食品消费调查数据,推算当地居民通过膳食途径对某一化学污染物的暴露量。

$$Exp = \frac{\sum_i C_i \times IR_i}{BW} \tag{3.1}$$

其中,C 为食品中浓度,IR 为食品日平均摄入量,BW 为体重,i 为食品种类。

二、基于产地食品中有害化学物质浓度的暴露评价

食物经口摄入是环境中的污染物进入人体的重要途径之一,不同于呼吸、皮肤接触,由于食品流通的存在,农副产品并不一定来源于本地,经由膳食途径对污染物的暴露量并不与当地环境直接相关。因此,要降低居民经由膳食途径对污染物的暴露量,就需要掌握消费市场农副产品的产地信息,通过控制产地的环境污染从源头上降低对

污染物的膳食暴露风险。环境中有害化学物质进入人体的途径如图3.1所示。

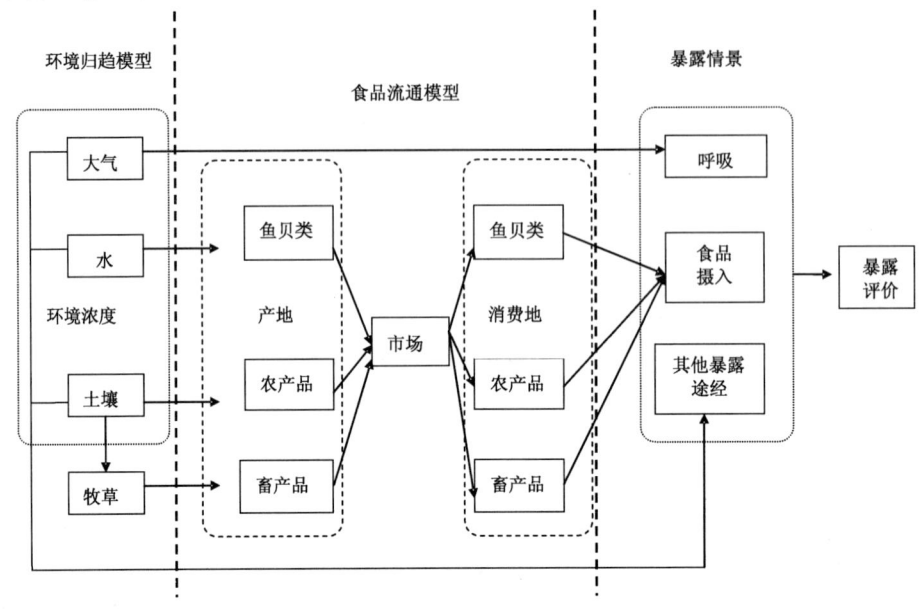

图 3.1 有害化学物质从环境至人体的转运过程

确认食品的产地信息,建立消费地居民农副产品中有毒有害化学物质暴露量与产地环境污染状况的相关关系的方法有两种:一种是收集和分析农副产品流通统计数据;另一种是采用食品流通模型进行模拟。市场流通数据反映了农副产品实际的流通状况,但是由于市场流通渠道的复杂性,一般很难获取较全面的农副产品流通统计数据。食品流通模型可以模拟市场流通状况,但决定市场流通的要素复杂,市场流通渠道多样,流通模型能多大程度上能够反映真实的市场流通,仍需相关数据验证。

由《中国渔业统计年鉴》、《中国水产品进出口贸易统计年鉴》、《中国统计年鉴》、《各省区市统计年鉴》等可获取全国各省区市水产品及农副产品种类别生产量;由《中国统计年鉴》、《各省区市统计年鉴》及《中国人群的膳食与营养状况》调查等可获取全国各省区市不同农副产品及水产品的消费量数据。《中国物流年鉴》、《中国市场年鉴》等使我们对农副产品市场流通状况有所了解,全国4351个农副产品批发市场(2001年数据)担负着农副产品流通的重要任务,但尚未有完整的流通统计数据。从产地到餐桌的全程管理还只限于个别产品和品牌。因此,目前的农副产品市场流通数据状况尚不足以分析产地信息,但可以建立流通模型。

1. 流通模型

水产品、蔬菜水果等新鲜产品,其鲜度是其流通过程中首先需要考虑的问题。因此,这类农副产品需要在最短的时间内从产地运送到消费地市场,送到居民的餐桌上。可以采用线性规划模型来模拟这类产品的流通,目标是在满足各省区市供需量限制条件的前提下,使其从产地运送到消费地市场的总时间最短。

$$\text{Minimize} \quad \sum_{i,j} T_{ij} \cdot V_{ij} \quad (3.2.1)$$

$$\sum_i V_{ij} = D_j \quad (3.2.2)$$

$$\sum_j V_{ij} \leqslant S_i \quad (3.2.3)$$

$$(i = 1,2,\cdots,m; j = 1,2,\cdots,n)$$

其中，T 是运送时间；V 是运送量；D 是某种新鲜农副产品的消费量；S 是该种新鲜农副产品食用供给量；i 是生产省区市序号；j 是消费省区市序号；m 是生产省区市数量；n 是消费省区市数量。

式(3.2.1)是将某种新鲜农副产品从产地运往各消费地市场的总时间，线性规划模型的目标是确定 V_{ij} 的取值使目标函数值最小化。式(3.2.2)保证该种新鲜农副产品由各产地省区市运抵消费地省区市 j 的总量满足消费地省区市 j 的需求量；式(3.2.3)保证该种新鲜农副产品由产地省区市 i 运往各消费地省区市的总运出量在产地省区市 i 的供给量范围内。可以采用 LINGO™ 软件来求解这个线性规划流通模型。

由式 3.3 可以求得产地省区市 i 的该种新鲜农副产品在消费地省区市 j 的农副产品市场上该种产品总销售量中所占份额。

$$r_{ij} = V_{ij} / \sum_i V_{ij} \quad (3.3)$$

2. 暴露评价

某消费地省区市该种农副产品膳食摄入造成的一般居民某种污染物暴露量可由下式计算：

$$Expo_j = \sum_i Conc_i \cdot r_{ij} \cdot IR_j \quad (3.4)$$

其中，i 是生产省区市序号；j 是消费省区市序号；$Conc$ 表示该种农副产品的某种污染物浓度；IR 表示该种农副产品日平均摄入量；r_{ij} 是 i 省区市产该种农副产品在 j 省区市农副产品市场上该种农副产品总销售量中所占比例。

第四节 案例研究

一、基于产地监测数据的鱼贝类摄入所致二噁英类暴露评价

通过食物消费的摄入途径，是人类暴露于二噁英类物质的主要途径。虽然已经证明在水体沉积物中，过去使用的除草剂中的杂质有重大"贡献"，但是目前在日本的二噁英的主要来源是废弃物焚烧。日本政府和地方政府进行了多次调查，以评估日本民众的二噁英暴露水平以及环境和水生生物中的二噁英浓度。日本厚生省(MHLW)持续实施"总膳食研究(TDS)"，以监测日本人每天通过饮食摄入的二噁英总量。Suzuki 等研究者已经根据 TDS 数据和其他暴露途径的相关数据，推出了全日本一般居民二

噁英暴露量的统计分布。

虽然 MHLW 的 TDS 数据覆盖了日本的大部分地区,但样本数仍然有限(例如,1998 年至 2002 年,鱼贝类食品群只分别测定了 10、16、16、12 和 36 个样品)。此外,由于没有报道生产地区的地理信息,这些 TDS 数据无法揭示环境中二噁英水平的地区差异对人类二噁英暴露的影响。因此,很难预测区域二噁英防治对策的有效性。Suzuki 等研究者对居民二噁英暴露的全日本概率分布的推定,是基于 MHLW 的 TDS 调查数据,因此,也没有解决上述问题。

在日本,鱼贝类是二噁英总膳食摄入的最大"贡献"者(约 75%)。因此,我们着眼于鱼贝类消费所致二噁英摄入,并在此提出一种使用特定区域鱼贝类中二噁英含量监测数据以及相应区域鱼贝类生产、出口统计数据估算每日摄入量的方法。在我们的风险评估中,由于考虑了特定区域的信息和鱼贝类从生产地区到消费地区的流通,有可能建立一种考虑不同地区污染程度和人类暴露水平之间源－受体关系的暴露评估方法。通过有效地使用地理参考模型或环境和水生生物中的二噁英浓度监测数据,这种关系将有助于开发更系统的方法用以估算人类二噁英暴露的地区差异。

由于没有鱼贝类从生产地区到消费地区流通的全面数据,我们整个的估计和讨论,是把日本看做一个全国统一的消费市场,在全日本层面上讨论来自每个捕获区(生产区)的鱼中二噁英浓度对人类暴露的影响。基于各捕获区的鱼贝类中二噁英浓度的统计分布假设,通过使用蒙特卡罗技术,我们推定了一般日本居民通过鱼贝类膳食摄入所致二噁英暴露的概率分布;考察了每个输入假设对全国暴露分布的影响,并估计了每个捕获区的鱼贝类对总二噁英暴露的影响。

1. 材料和方法

表 3.1 定义了这项研究中所用的词语。表 3.2 所示为暴露评价中所用的资料。由于特定地区可用数据数目的限制,用于人类消费的鱼贝类按捕获区分类,而没有按生物种类分类。估算年份为 2002 年,因为鱼贝类进出口量的数据是 2002 年;虽然鱼贝类中二噁英浓度的监测数据不是 2002 年测定的,但事实上,有研究表明水环境中的

表 3.1　用词定义

鱼贝类	水产品,包括鱼类、贝类、虾、蟹、鱿鱼、章鱼和其他海洋动物
县	日本的都道府县。日本有 47 个都道府县,其中 39 个有海岸线
捕获区域	鱼贝类被捕获的海洋区域;我们将日本食用鱼贝类的捕获区分为:沿岸、近海、远洋和进口来源;进一步根据毗邻的县再细分沿岸捕获区。海湾和内海是特定的沿岸海洋区域。沿岸海洋区域是沿海渔业和海洋水产养殖的捕获区域
鱼的种类	根据捕获区域将鱼贝类分为沿岸(包括海洋水产养殖)、近海、远洋和进口
情形	同一捕获区域内鱼贝类二噁英浓度的差异以三种分布表达:1、直方图;2、对数正态分布;3、最适合分布(见正文)

表 3.2 暴露评价所用的资料

提取指标	统计或调查名称	数据时段	实施机构
县别沿岸海域鱼贝类中二噁英浓度($Conc_j^A$)	公共用水域中二噁英类紧急全日本统一调查	1999 年	日本环境省
近海、远洋和进口鱼贝类中二噁英浓度($Conc^B$, $Conc^C$, $Conc^D$)	鱼贝类中二噁英类实态调查	1999—2001 年	日本农林水产省
食用鱼贝类的全日本国内生产量及消费量(Pd^{nation}, Ud^{nation})	水产物流通统计年报	2002 年	日本农林水产省
食用鱼贝类的全日本进口量(Id^{nation})	水产物流通统计年报	2002 年	日本农林水产省
食用鱼比例(α^m)	水产物流通统计年报	2002 年	日本农林水产省
近海和远洋鱼贝类的生产量(P^B, P^C)	渔业养殖业生产统计年报	2002 年	日本农林水产省
县别沿岸渔业鱼贝类生产量(P_j^{A1})	各都道府县提供的鱼贝类产量统计资料	2002 年	日本农林水产省
县别海水养殖鱼贝类生产量(P_j^{A2})	渔业养殖业生产统计年报	2002 年	日本农林水产省
个人每日鱼贝类摄入量($Intake$)	国民营养调查	2001 年	日本厚生省

注:$P_j^A = P_j^{A1} + P_j^{A2}$。

二噁英浓度在短期内不会迅速下降,我们假设这种差异不会对结果有明显改变。在整个分析过程中,使用了由 WHO-TEF 计算的多氯二苯二噁英(PCDDs)和呋喃(PCDFs)的 17 种同系物的毒性当量(TEQs)以及共面多氯联苯(Co-PCBs)12 种同系物的 TEQs。图 3.2 是估算人类消费鱼贝类所致二噁英暴露的方法示意图。推定过程包括 5 个步骤,下面分别进行详细说明。

(1)步骤 1:推导鱼贝类中二噁英浓度水平和分布

我们将鱼贝类的捕获区分为沿岸、近海、远洋和进口来源。进一步,根据毗邻的县再细分沿岸捕获区,因为日本环境省(MOE)的调查表明在沿岸捕获区的海水和沉积物中二噁英浓度存在地区差异,沿岸海域容易受到人为来源的二噁英污染。另外,现阶段我们将日本视为一个全国统一的消费市场,换句话说,我们的估计是基于"在日本所有的消费市场中来自于同一个产区的鱼贝类的比例是相同的"的假设。

① 沿岸捕获区的鱼贝类

我们使用 MOE 实施的《1999 年公共水域等二噁英类调查》(以下简称 1999 年调

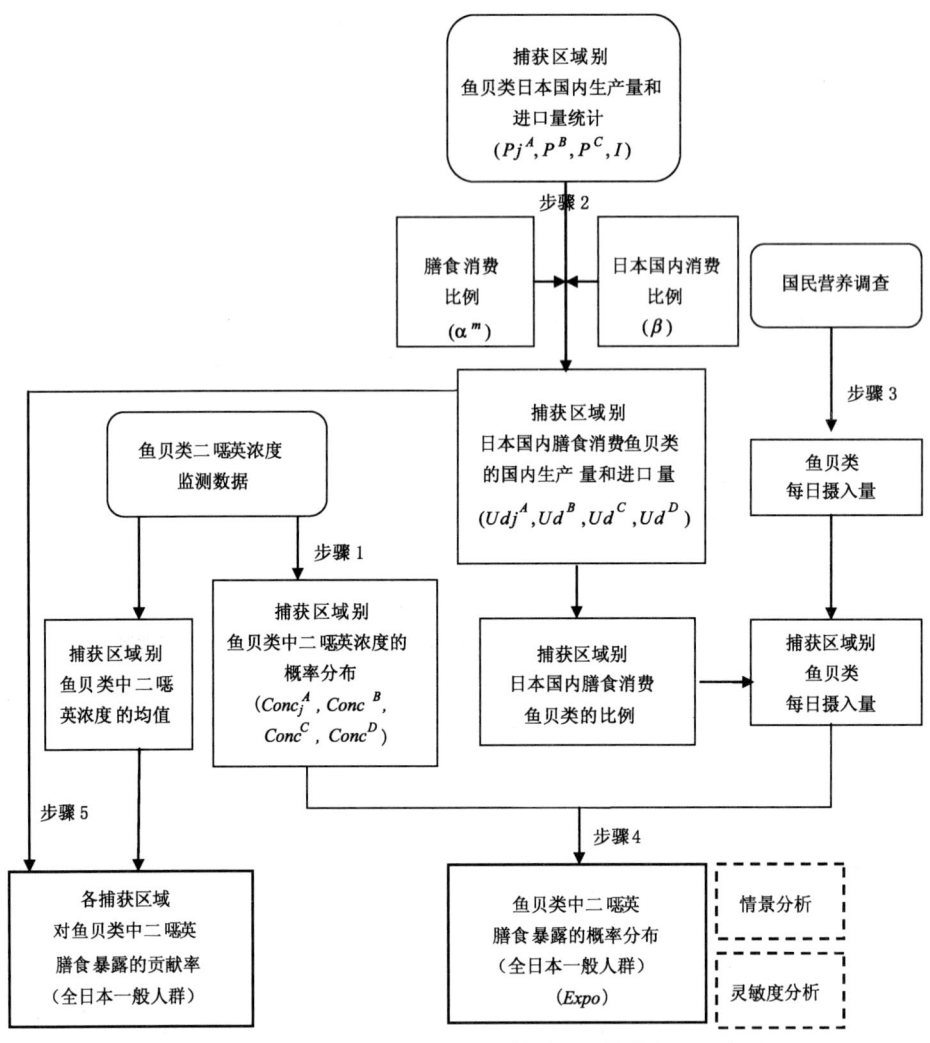

图 3.2 鱼贝类膳食消费所致二噁英暴露的估算方法示意图

查)的结果,估计沿岸鱼贝类中二噁英的浓度水平和分布。在 1999 年调查中,2234 个鱼贝类样品(包括海洋渔业和海水养殖)取自 39 个沿海县的沿岸海域。考虑样品和采样点的数量,又将日本的沿岸捕获区按照毗邻县的边界进一步细分。来自每个县的鱼贝类样品的数量在 8~131 个的范围。鱼贝类样品中二噁英浓度的统计值以县为单位计算。

绘制直方图,选择概率分布(概率密度函数,PDFs)以表示在同一个细分后的沿岸捕获区内捕获的鱼贝类中二噁英浓度的差异。对数正态分布通常被用于表达污染物浓度,因此,在我们的估算中也采用对数正态分布作为一种分布选择,并以几何平均值(GM)和几何标准差(GSD)来表达分布。全日本沿海鱼贝类被测样品中二噁英浓度的最大最小值,被用于定义分布的可用范围。

此外,使用 Bestfit 软件包(Palisade,Newfield,NY,USA),基于各县沿岸捕获区的鱼贝类中二噁英浓度的测定数据,拟合了一系列参数分布(正态分布、极值分布、指数分布、对数正态分布、伽马、韦伯、贝塔、帕累托和三角分布),并从中确定最适合分布。为了评价某一分布的拟合度,我们不仅做了累积分布函数曲线,还进行了拟合优度检验。拟合优度检验采用 Anderson-Darling(AD)检验与 χ^2 检验、Kolmogorov-Smirnov 检验相结合的方式进行。计算所得拟合优度 AD 值可以度量一个分布与原数据的符合度,并且可用于比较一种特定的分布与其他分布的拟合度孰优孰劣。此外,临界值的计算和使用,可以用于确定一个拟合分布在 0.05 显著水平上,是否可以被接受。如果 AD 计算大于检验统计分布 95% 分位值(0.05 显著水平临界值),则拒绝零假设。换句话说,分布是不匹配的。

举例说明,县 F 沿岸海域鱼贝类样品二噁英浓度拟合分布的累积分布如图 3.3 所示;其 AD 统计值和 0.05 水平的临界值如表 3.3 所示。在县 F 的情况下,不仅是根据图形评估(图 3.3),还是根据 AD 拟合优度统计值排名,对数正态分布都被确定为鱼贝类样品测定浓度的最适合分布。而且,对数正态分布的 AD 统计值比 0.05 显著水平的临界值小,零假设不能被拒绝;也就是说拟合的对数正态分布被判定为一个拟合度很好的分布。

表 3.3 拟合优度排名和 95% 置信水平的零假设检验

分布	拟合优度 AD 值	排名	0.05 显著水平的临界值
指数	0.6631	2	2.492
对数正态	0.4357	1	2.492
极值	0.7781	3	2.492
正态	1.247	4	2.492
帕累托	+∞	—	2.492[a]
三角	+∞	—	2.492[a]

注:a.零假设拒绝(0.05 显著水平)。

② 来自近海捕获区、远洋和进口来源的鱼贝类

我们使用农林水产省(MAFF)于 1999—2001 年实施的"海产品中二噁英调查"的数据,得出近海、远洋和进口鱼贝类的二噁英浓度水平和分布。在这一调查中,对来自于沿岸、近海、远洋或进口的约 100 种 400 个鱼贝类样品进行了调查。虽然在 MAFF 调查中,也研究了沿岸鱼贝类的二噁英浓度,但样本的数量小,不足以考察各县的沿岸鱼贝类数据。绘制直方图,赋予对数正态分布并确定最适合分布,以表达近海、远洋和进口鱼贝类的二噁英浓度分布。MOE 1999 年调查和 MAFF 调查中获得的不同产地来源鱼贝类二噁英浓度的统计值如表 3.4 所示。

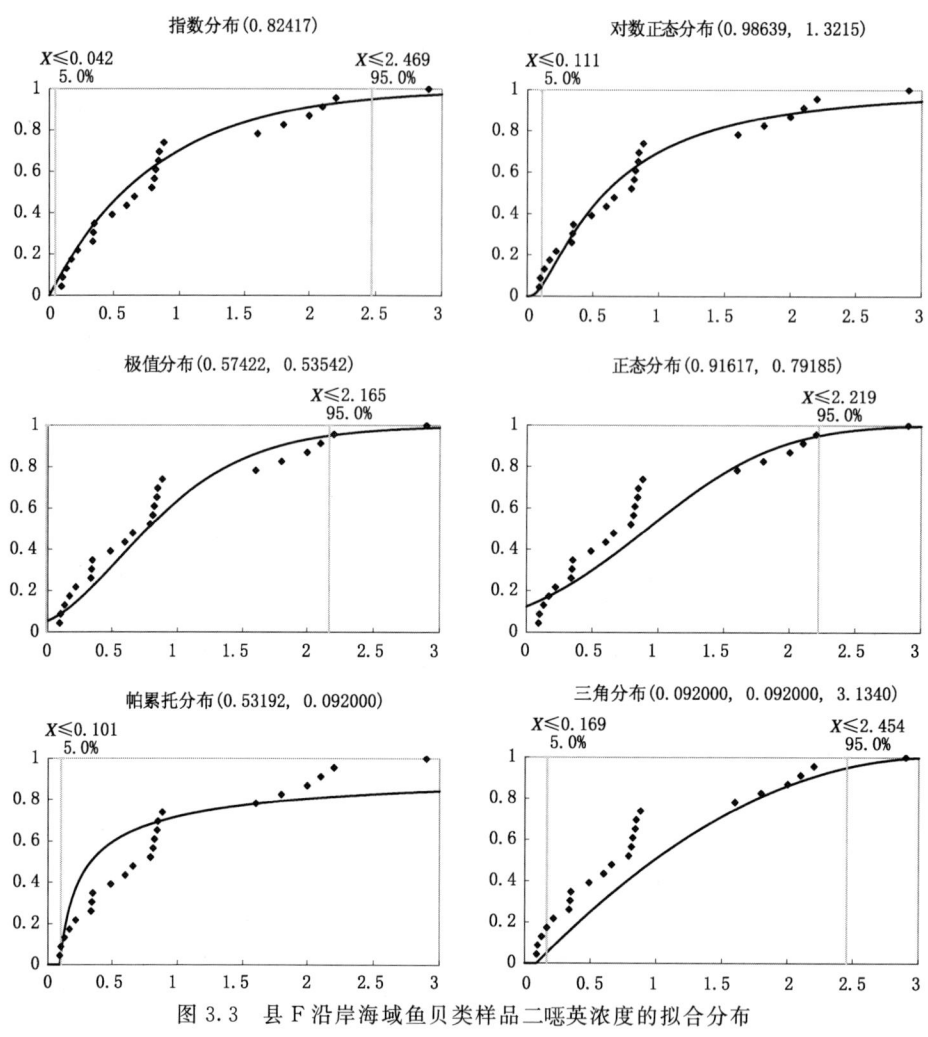

图 3.3 县 F 沿岸海域鱼贝类样品二噁英浓度的拟合分布

表 3.4 环境省和农林水产省调查中获得的鱼贝类二噁英浓度的统计值（pg-TEQ/g 湿重）

	样本数	平均值	中位数	SD	最小值	最大值	来源
沿岸鱼贝类	2234	1.20	0.60	2.05	0.03	33.00	环境省
近海鱼贝类	147	0.66	0.30	0.95	0.00	6.65	农林水产省
远洋鱼贝类	11	0.56	0.02	1.51	0.00	5.06	农林水产省
进口鱼贝类	81	0.52	0.08	1.43	0.00	10.11	农林水产省

(2)步骤2:各捕获区产鱼贝类日本国内膳食消费的估计

日本国内鱼贝类膳食消费量的估计,是基于日本国内生产量和进口量数据,并且考虑膳食消费和日本国内消费的比例得出(表3.5)。所用计算公式如下:

表3.5　日本2002年鱼贝类日本国内膳食消费估计值(1000 t/年)

鱼贝类类别(m)	日本国内生产/进口			日本国内消费
	总量 (P^m)	膳食消费比例 ($α^m$)	膳食消费数量 (Pd^m 或 Id^{nation})	膳食消费数量 (Ud^m)
国内				
远洋(C)	686	100%	686	658
近海(B)	2258	67%	1510	1447
沿岸(A1)	1489	67%	996	954
海水养殖(A2)	1333	100%	1333	1278
进口(D)	—	—	4419	4235

$$Pd^m = P^m α^m \tag{3.5}$$

$$β = \frac{Ud^{nation}}{Pd^{nation} + Id^{nation}} \tag{3.6}$$

$$Ud^m = Pd^m β \tag{3.7}$$

$$Ud^D = Id^{nation} β \tag{3.8}$$

$$Ud_j^A = Ud^A \frac{P_j^A}{P_A} \tag{3.9}$$

其中,P是日本国产鱼贝类生产量;Pd是用于膳食消费的日本国产鱼贝类生产量;$α$是用于膳食消费的鱼贝类占总生产量的比例;m是鱼贝类的捕获区分类,m=(A1、A2、B和C),其中A1、A2、B和C分别表示沿岸、海水养殖、近海、远洋的鱼贝类(A=A1+A2);Id是用于膳食消费的进口鱼贝类的数量;Ud是用于膳食目的鱼贝类的日本国内消费量;$β$是用于膳食目的鱼贝类的日本国内消费量占用于膳食目的的日本国内生产和进口的鱼贝类总量的比例;D代表进口鱼;$nation$代表所有捕获区的鱼贝类;j是鱼贝类产地县的编号。需要注意的是,Ud_j^A代表的是在j县捕获的沿岸鱼贝类(沿岸渔业和海水养殖的鱼)的全日本膳食消费量,而不是在j县消费的沿海鱼贝类。

公式(3.5)按鱼贝类捕获区计算了用于膳食消费的日本国产鱼贝类生产量;公式(3.6)估计了日本国内消费量占日本国产和进口鱼贝类总量的比例,由于可用数据的限制,未考虑捕获区域。日本国产各捕获区的鱼贝类的日本国内膳食消费量和进口鱼贝类的日本国内膳食消费量,分别按照公式(3.7)、公式(3.8)计算。此外,假设沿岸鱼贝类的膳食消费比例及其日本国内消费比例不依产地县的不同而有所差异,从j县捕获的沿岸鱼贝类的日本国内膳食消费量由该县沿岸鱼贝类生产量,依据公式(3.9)计算。

在我们的估计中,使用了 MAFF 公布的全日本海洋渔业生产(远洋、近海和沿海)和县别海水养殖生产的统计数据。MAFF 依据渔业类型和渔船规模定义了远洋拖网、近海渔业和沿海渔业。这一定义与 MAFF 的 1999—2001 调查中的远洋、近海及沿岸渔业的分类基本相符。沿岸县别鱼贝类生产量没有公布,应我们的要求由 MAFF 提供。用于膳食的鱼贝类占总生产量的比例(a^m),根据《海产品流通统计年鉴》考虑每个鱼贝类品种和它的预定用途,进行估计。

(3)步骤 3:鱼贝类每日摄入量的确定

虽然二噁英类的健康风险源于长期暴露,但是厚生省(MHLW)所做的"全日本营养调查"中的鱼贝类每日摄入量数据,是日本全国范围内所做的唯一可用的可靠的数据。在日本,截止到 1963 年,全日本营养调查每年进行 4 次,收集了多天的饮食记录来评估季节性和日常饮食的变化。但是,目前该调查仅于每年的 11 月进行一次,只收集一天的饮食记录,以减少受试者的负担。然而,有研究表明,鱼贝类的每日膳食消费量每年没有太大的变化。尽管一天的饮食记录不能反映季节性的变化,因为我们估计的是人群水平上的二噁英暴露,可以假设每天的变化能够忽略不计。由于近年来日本全国营养调查只发布了鱼贝类每日消费量的平均值和标准偏差,我们无法确定一个鱼贝类每日摄入量的适合分布;在研究中使用平均值替代。来自每个类别(沿海(包括海水养殖)、近海、远洋和进口来源)的鱼贝类个人膳食摄入量,假设与日本全国的该类鱼贝类国内膳食消费量成比例。

$$Intake^m = Intake^{nation} \frac{Ud^m}{Ud^{nation}} \qquad (3.10)$$

其中,$Intake^m$ 是 m 类鱼贝类的个人膳食摄入量,$m=$(A、B、C 或 D);$Intake^{nation}$ 是所有类别鱼贝类的个人总膳食消费;Ud^m 是 m 类鱼贝类的日本国内膳食消费量;Ud^{nation} 是所有类别鱼贝类的日本国内膳食总消费量。

(4)步骤 4:一般日本居民食用鱼贝类所致二噁英暴露的概率估计

人类通过鱼贝类膳食消费途径的二噁英暴露的计算方法是,各捕获区鱼贝类的二噁英浓度乘以该捕获区鱼贝类的个人每日摄入量,再将结果相加。暴露估计模型可以用下列公式表示:

$$Expo = \sum_j Con_j^A \gamma_j^A Intake^A + Conc^B Intake^B \\ + Conc^C Intake^C + Conc^D Intake^D \qquad (3.11)$$

其中,j 指鱼贝类产地县;A、B、C、D 是鱼贝类的 4 种类别——沿海(包括海水养殖)、近海、远洋和进口来源;$Conc$ 是鱼贝类中的二噁英浓度;$Intake$ 是鱼贝类个人每日膳食摄入量;γ_j^A 是在 j 县捕获的沿海鱼贝类在市场中所占的比例。

$$\gamma_j^A = \frac{Ud_j^A}{Ud^A} \qquad (3.12)$$

其中,Ud_j^A 是来自于 j 县的沿岸鱼贝类的国内膳食消费量,Ud^A 是所有沿岸鱼贝类的日本国内膳食消费量。

在这里讨论3种情形。在情形1、2和3中,同一捕获区内鱼贝类(各县的沿岸和海水养殖鱼贝类;全日本的近海、远洋和进口鱼贝类)中二噁英浓度的差异,分别用直方图、对数正态分布和最适合分布表示(同上一节所述)。应用蒙特卡罗模拟推定一般居民的鱼贝类膳食消费所致二噁英暴露的概率分布。运行这一模拟10000次以获得一个稳定的暴露分布。我们分别将这一模拟运行2000、5000、10000、15000和20000次,发现推定分布的多数统计值(如95%分位值)在10000次或超过10000次后稳定。许多研究都是采用10000次抽样来获得一个稳定的推定分布。

(5)步骤5:各捕获区产鱼贝类的贡献率

我们计算了来自各捕获区的鱼贝类对膳食摄入鱼贝类所致二噁英暴露的贡献率。捕获区别鱼贝类的平均二噁英浓度对应乘以相应捕获区的鱼贝类的日本国内膳食消费量,得到每年全国膳食消费的各捕获区产鱼贝类中二噁英的量;各捕获区产鱼贝类中二噁英的量占每年全日本膳食消费的所有鱼贝类中二噁英总量的比例,即为各捕获区产鱼贝类的贡献率。

2. 结果和讨论

(1)鱼贝类中二噁英的膳食暴露

图3.4所示为一般日本居民通过膳食摄入鱼贝类所致二噁英暴露的推定分布。在情形1、情形2、情形3中鱼贝类中二噁英浓度的变异分别用直方图、对数正态分布和最适合分布表达;实线为估计结果,散点是 TDS 测定结果($n=66$);数据为均值(5%~95%分位值)。统计值和累积分布都表明,推定结果在三种情形之间没有很大差异,这说明我们提出的暴露推定模型在 PDFs 选择(场景分析)方面是很稳固的。在情形1鱼贝类中二噁英浓度的差异由直方图表示时,一般日本居民鱼贝类膳食摄入途径二噁英暴露量的均值和5%~95%分位值分别是67.12和22.65~184.35 pg-TEQ/日。需要注意的是,由于缺乏相应的数据,在我们的估计中没有考虑鱼贝类膳食消费量的日变化。因此,通过鱼贝类膳食消费途径的二噁英暴露量的变化范围,应该比目前估计的要宽。

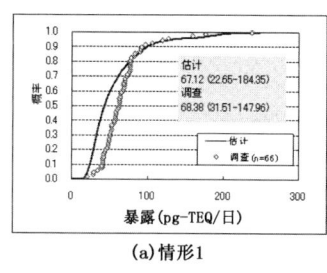
(a)情形1

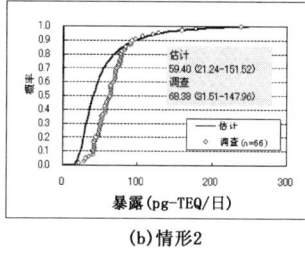
(b)情形2

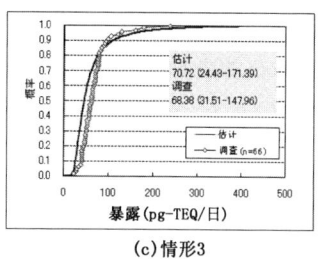
(c)情形3

图3.4 鱼贝类膳食消费所致二噁英暴露的累积分布

事实上,不仅鱼贝类的每日摄入量存在个体差异,摄入的鱼贝类品种也有所不同。

不同的鱼贝类二噁英含量差别很大,这不仅仅因为其栖息水域地理位置的不同所致,也与不同鱼贝类习性的差异有关。在我们的估计中,鱼贝类中二噁英浓度的区域差异不仅因为环境中二噁英污染水平不同,还因为捕获区中鱼贝类的物种构成不同。虽然数据缺乏让我们无法考虑鱼贝类中二噁英浓度的物种间差异,各捕获区产鱼贝类中二噁英浓度统计分布的宽度主要反映了每个捕获区内的鱼贝类物种间二噁英含量的差异。当我们能够获得足够的数据以建立特定物种的鱼贝类二噁英含量分布及特定物种的鱼贝类摄入量分布,我们将重新计算暴露分布。二噁英含量较高的某种鱼贝类嗜食者,将作为特殊情景进行讨论。

作为对比,我们还分析了厚生省1998—2002年所做TDS调查中食用鱼贝类途径二噁英每日摄入量的66个调查数据(图3.4)。在厚生省TDS调查中,通常收集100~200个食物样本,根据需要,再进行烹饪。同一食品群的食物样本(如:鱼贝类中不同种类的鱼)按照全日本营养调查中确定的比例混合,并做均一化处理,然后进行二噁英的分析。不同食品群二噁英的浓度测定结果,乘以对应食品群的膳食摄入速率,得出不同食品群膳食摄入途径二噁英暴露量。虽然在TDS调查中,来自所有14个食品群的膳食途径二噁英摄入量都用上述方法确定,但在我们的研究中仅选取鱼贝类的TDS数据与我们的估算结果进行比较。我们推定了日本人通过鱼贝类膳食消费途径的二噁英暴露分布,研究了不同捕获区的鱼贝类二噁英浓度的地理差异对总暴露分布的影响。TDS是基于每个消费地区的鱼贝类平均每日消费量,因此,TDS结果分布的宽度主要反映了市场上销售的鱼贝类中二噁英浓度在地区间的差异。虽然我们的估计和TDS的在分布上有所不同,但是平均值差距不大。由于MHLW的TDS调查数据覆盖了日本大部分地区,因此,TDS中鱼贝类膳食摄入途径二噁英暴露量的平均值,就像我们的估计值一样,可以被认为是代表了一般日本人的平均暴露水平。图3.4表明,虽然所用方法和数据不同,全部三种情形的二噁英类的估计暴露量均与TDS结果(散点)基本一致。

(2)灵敏度分析

由于三种情形的估计结果没有太大差异,仅仅对情形1进行灵敏度分析。灵敏度分析就是通过使用Crystal Ball软件,计算人群鱼贝类膳食摄入途径二噁英暴露的估计分布和各捕获区产鱼贝类中二噁英浓度输入分布假设之间的斯皮尔曼秩相关系数(SROCC)。相关系数是由模型灵敏度(估计和假设之间的代数关系)和输入假设的不确定性(PDF表示)共同决定。相关系数越大,输入分布假设(各捕获区鱼贝类中二噁英水平)对鱼贝类膳食摄入途径二噁英暴露估计分布的影响就越大。图3.5所示为敏感性分析的结果,由SROCC表示。灵敏度值降序排列为进口鱼贝类中的二噁英水平、近海鱼贝类中的二噁英水平、沿岸鱼贝类中的二噁英水平、远洋鱼中的二噁英水平。在沿岸鱼贝类中,与二噁英估计暴露有高相关系数的排名前五的产地县为H2、E、H1、C和M1。排名前五的县用带条纹的横条表示。

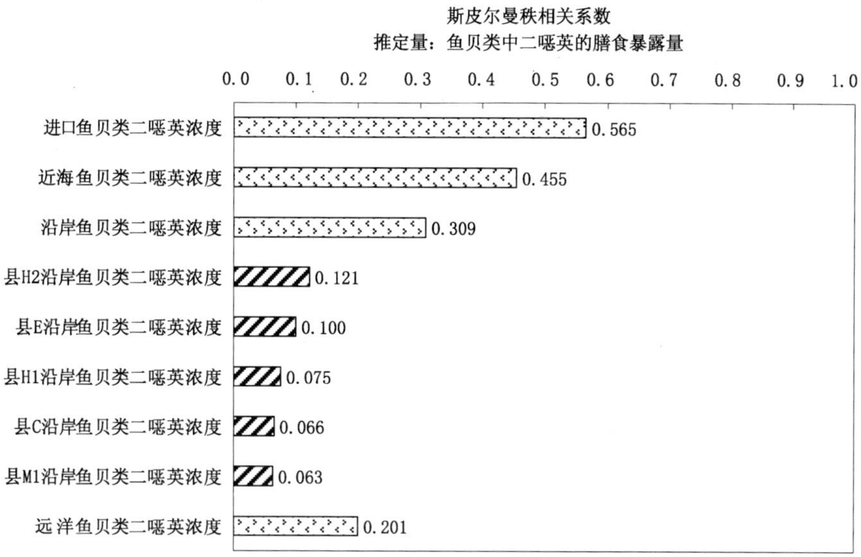

第三章 食品安全评价

斯皮尔曼秩相关系数
推定量：鱼贝类中二噁英的膳食暴露量

	相关系数
进口鱼贝类二噁英浓度	0.565
近海鱼贝类二噁英浓度	0.455
沿岸鱼贝类二噁英浓度	0.309
县H2沿岸鱼贝类二噁英浓度	0.121
县E沿岸鱼贝类二噁英浓度	0.100
县H1沿岸鱼贝类二噁英浓度	0.075
县C沿岸鱼贝类二噁英浓度	0.066
县M1沿岸鱼贝类二噁英浓度	0.063
远洋鱼贝类二噁英浓度	0.201

图 3.5　情形 1(同种鱼贝类中二噁英浓度变异用直方图表示)的灵敏度分析

(3)各捕获区鱼贝类的贡献率

我们计算了各捕获区对鱼贝类膳食消费所致二噁英摄入量的贡献百分数,结果见图 3.6。对二噁英暴露的贡献率,按降序排列依次为进口鱼、沿岸鱼、近海鱼、远海鱼。在沿岸鱼中,县 H1 由于较大的鱼贝类捕获量而起重要作用。第二大贡献县是 H2,接着是 H3、E、M1、C、O1、K1、A2 和 M2。这些县有较高的贡献率,要么是因为渔获量大,要么是因为鱼贝类中二噁英类物质浓度相对较高,或二者兼有。我们需要在这些沿海地区优先实施措施,以控制二噁英的排放。

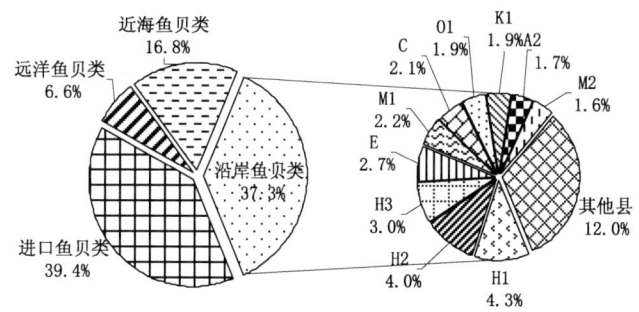

图 3.6　各捕获区域对膳食消费鱼贝类中二噁英的贡献率

我们将日本视作一个单一的全日本范围的消费市场,并没有考虑市场上销售的鱼贝类中二噁英浓度的消费区域间差异。经查阅很多资料,分析了相应的统计数据,以理清鱼贝类的流通网络,我们发现,鱼贝类从产地到消费地,主要是通过中央批发市场,并且中央批发市场的鱼贝类主要运往市场所在地区。中央批发市场的统计数据可以在一定程度上定量反映日本的海产品流通。图 3.7 所示为东京和大阪中央批发市场销售的新鲜鱼贝类中各县所占百分比,和我们把日本作为一个单一的全日本范围的消费市场所得的沿岸鱼的比例相似。因为在日本,沿岸鱼贝类主要以鲜鱼方式食用,这两种鱼的数据具有可比性。因此,得出的暴露分布,在一定程度上反映了东京和大阪地区居民的真实暴露状况,而这一地区正是大部分日本居民居住的地方。对于鱼贝类产量较高的产地县的居民(推测其消费更多本地产鱼贝类),如县 H1,暴露水平可能会有所不同;对于这些个别情形的暴露评价,需要采用其他方法,而不是这里使用的方法。

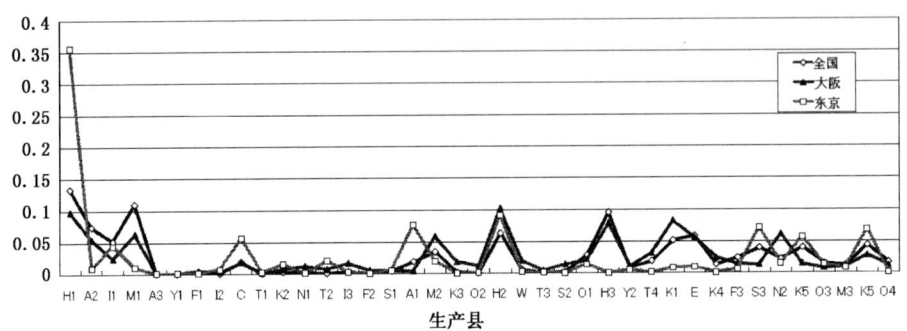

图 3.7　各产地县新鲜鱼贝类的市场份额:东京和大阪市中央批发市场数据与
全日本市场推测值的比较(2002 年数据)

在今后的研究中,通过进一步的数据收集和分析,弄清日本全国范围内海产品的流通,我们将能够估计特定地区居民经由鱼贝类膳食摄入途径的二噁英暴露。

二、基于鱼贝类市场流通数据的摄入所致二噁英类的暴露评价

日本在过去 20 年里进行了很多研究和调查以揭示居民二噁英暴露水平。一些研究考虑了特殊的暴露人群,如生活在城市固体废物焚烧炉附近的当地居民,或者鱼类高消费者。为了掌握日本一般居民的二噁英暴露水平,厚生省(MHLW)持续开展了"总膳食研究(TDS)",以监测二噁英通过膳食途径的日摄入量。通过这些 TDS 数据和其他暴露途径的相关数据,可以推得一个全日本尺度的日本一般居民二噁英暴露的概率分布。

上述研究显示居民二噁英暴露存在差异,但是没有揭示这一差异是否具有地域依赖性,是否同时与环境中二噁英浓度和饮食习惯有关。作为弄清这一问题的第一步,我们在本章案例一中分析了全日本鱼贝类中二噁英的膳食暴露与鱼贝类捕获地区环境中二噁英水平的关系。

本案例研究的目的是,讨论鱼贝类中二噁英的区域膳食暴露与特定捕获区鱼贝类中二噁英监测浓度的相关关系。我们分析了鱼贝类捕获区的市场信息和消费地区鱼贝类的种类,以建立在鱼贝类捕获区和暴露区域之间的源-受体关系。这样就可以进一步研究日本鱼贝类二噁英暴露的地区差异,并衡量鱼贝类二噁英浓度的地区分异对暴露量地区分异的影响。本案例所示基于特定产区鱼贝类二噁英浓度监测数据和鱼

贝类流通数据估算二噁英膳食暴露的方法,将可用于其他以膳食消费为主要途径的化学物质的暴露评价。这种方法可以使从产地源头上控制有害化学物质暴露成为可能。

首先,我们将鱼贝类中二噁英含量的监测数据按捕获区或鱼贝类种类分类,然后拟合分布得到概率密度函数(PDFs);第二,分析鱼贝类地区别人均每日摄入量;第三,对 30 个主要鱼贝类中央批发市场的数据进行分析,以确定各鱼贝类捕获县及不同种类的鱼贝类在各县或各地区消费市场所占份额;第四,使用蒙特卡罗法推得各地区鱼贝类中二噁英的膳食暴露概率分布;第五,进行灵敏度分析,以研究每个鱼贝类捕获区或者每个种类鱼贝类对总暴露的影响。

1. 材料和方法

概率暴露评价使用的是统计分布数据而不是单点数据来表示主要暴露参数的变异性和不确定性。和"点估计"方法相比,它更充分利用了可获取的暴露数据,给风险管理者提供更多的信息。也有人认为概率分析提供了合理风险的一个更准确的估计,尤其是在暴露高值一端。本案例中,基于市场和鱼贝类流通网络数据,使用概率分析来评价日本各地区鱼贝类中二噁英的膳食暴露。

图 3.8 为日本各地区居民食用鱼贝类所致二噁英暴露的概率分布推定方法示意图。研究中所用主要数据的来源见表 3.6。图 3.9 所示是日本 7 个生产/消费地区,这里"一个地区"指的是几个邻近的县。日本有 47 个县,其中 39 个沿海并捕鱼。所有 7 个地区都既是生产区又是消费区。这里的"鱼贝类"指的是海产品,包括鱼类、贝类、

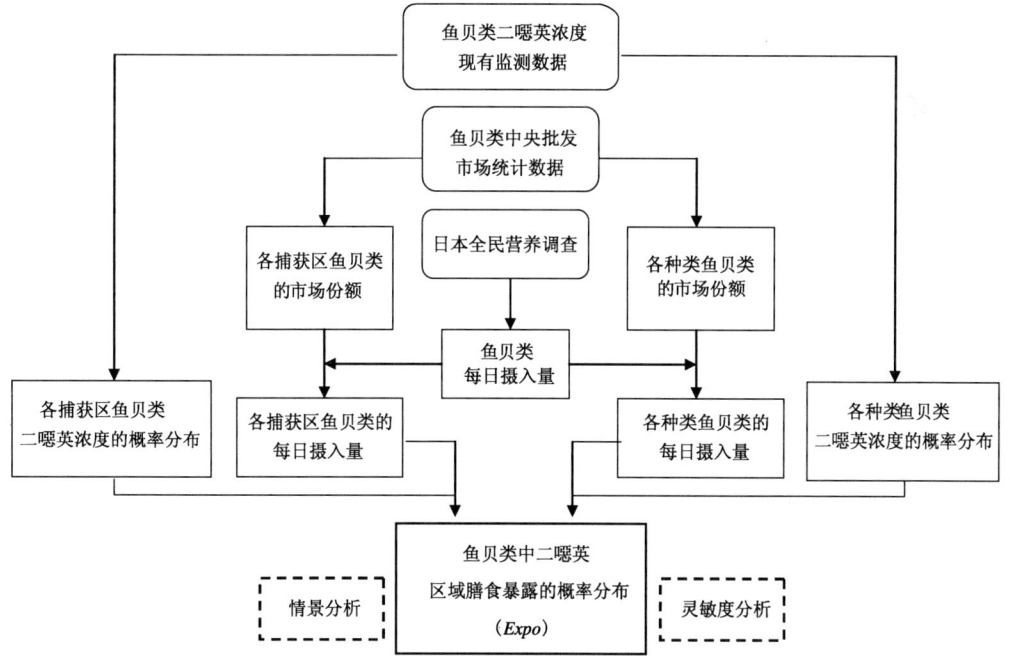

图 3.8　鱼贝类中二噁英的区域膳食暴露估计的方法示意图

虾、蟹、鱿鱼、章鱼、和其他海洋动物。"鱼贝类种类"指的是按照全国营养调查（NNS）方法进行的分类，即"三文鱼"、"金枪鱼"、"鲷鱼"、"日本竹筴鱼和沙丁鱼"、"鱿鱼、章鱼、虾、螃蟹"、"贝类"及"其他新鲜的鱼"。"捕获区"代表鱼被捕获的海洋区域；我们将日本食用鱼的捕获区分为沿岸、近海、远洋和进口来源；我们还按照毗邻的县对沿岸捕获区细分，也叫做"捕获县"或者"生产县"。

表 3.6 本案例中使用的主要数据及来源

提取指标	统计或调查名称	数据时段	实施机构
沿岸鱼贝类中二噁英浓度	公共用水域二噁英类紧急全日本统一调查	1999 年	日本环境省
近海、远洋和进口鱼贝类中二噁英浓度	鱼贝类中二噁英类实态调查	1999—2001 年	日本农林水产省
各地区鱼贝类每日摄入量	国民营养调查	2003 年	日本厚生省
种类别产地县别鲜鱼、冷冻鱼和鱼贝类加工品的批发数量	30 个中央批发市场的年报	2002 年	日本 30 个中央批发市场
各种类沿岸鱼贝类的县别捕获量	各县鱼贝类生产统计数据	2002 年	日本农林水产省
种类别家庭别鱼贝类购买量	家计调查	2002 年	日本总务省
县别家庭数	人口普查	2000 年	日本总务省
通过中央批发市场的鱼贝类流通比例	批发市场调查报告	1996 年	日本食品市场调研和信息中心
鱼贝类中二噁英的膳食摄入	总膳食研究	1998—2002 年	MHLW

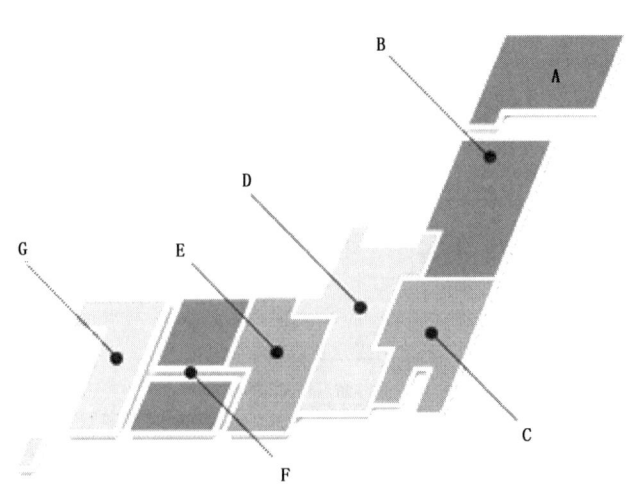

图 3.9 将日本分为 7 个生产/消费区域

本案例的推测年份是 2002 年,因为鱼贝类进出口数据和鱼贝类中央批发市场的数据都是 2002 年的。虽然鱼贝类中二噁英浓度的监测数据不是 2002 年测定的,但事实上,有研究表明二噁英浓度在短期内不会迅速下降,我们假设这种差异不会对结果有明显改变。在整个分析过程中,使用了按照世界卫生组织 1998 年发布的毒性当量因子(WHO1998－TEF)计算的多氯二苯二噁英(PCDDs)和呋喃(PCDFs)17 种同系物的毒性当量(TEQs)以及共面多氯联苯(Co-PCBs)12 种同系物的毒性当量。

(1)鱼贝类中二噁英浓度

根据环境省(MOE)的公共水域等二噁英类调查、农林水产省(MAFF)渔业局的海产品二噁英类调查的监测结果,我们分析了鱼贝类中二噁英浓度。鱼贝类的二噁英浓度数据大部分是鱼贝类可食用组织的浓度,有些是整条鱼的浓度,并以湿重归一化。通过对这些数据的分析可知,鱼贝类中二噁英水平不仅仅因捕获区不同而不同,还因为鱼贝类种类的不同而有所差异。但是,在鱼贝类中二噁英的膳食暴露估算中,我们独立考虑捕获区和鱼贝类种类这两个因素,因为我们没有足够的监测数据来分析每个捕获区每个种类鱼贝类的二噁英浓度。

①按捕获区分类

在前文中已经详细说明了我们将日本用于膳食消费的鱼贝类捕获区分为沿岸、近海、远洋和进口来源,进一步再将沿岸捕获区按其毗邻的县细分。在捕获区的基础上绘制了直方图,并拟合 PDFs 以反映在同一个细分后的沿岸捕获区内鱼贝类二噁英浓度的变异。在我们的估算中分别采用了对数正态分布及 Bestfit 软件包(Palisade, Newfield, NY, USA)依据鱼贝类二噁英浓度监测数据拟合的最适合分布。

②按鱼贝类种类分类

将 MAFF 鱼贝类中二噁英浓度监测数据按照 NNS 鱼贝类分类方法进行分类,即分为"三文鱼"、"金枪鱼"、"鲷鱼"、"日本竹筴鱼和沙丁鱼"、"鱿鱼,章鱼,虾和螃蟹"、"贝类"及"其他新鲜的鱼"。绘制直方图以表示同种类鱼贝类中二噁英浓度的变异。由于 MAFF 数据有限,我们加入 MOE 的数据来计算统计值及绘制不同种类鱼贝类的二噁英浓度直方图,唯有"其他新鲜的鱼"例外,它单独使用了 MAFF 的数据。在 NNS 调查中,咸鱼、鱼干、鱼罐头、水煮鱼、鱼蛋糕和鱼香肠都被归类为鱼贝类加工品,不区分鱼贝类种类,使用全部 MAFF 数据计算此类鱼贝类加工品中的二噁英水平。

(2)鱼贝类的日摄入量

人和人之间每天摄入的鱼贝类的数量和种类都是不同的。在日本,MHLW 于每年 11 月进行一次 NNS 调查,收集 1 天的膳食记录。尽管 1 天的膳食记录不能反映季节性及每天饮食的变化,但是 NNS 数据是唯一可用的可靠的全日本居民膳食消费年公布数据。我们采用 2003 年鱼贝类个人每日摄入量按地区划分的数据用于估算和讨论。由于在 NNS 公布的数据中并不包含捕获区域和鱼贝类种类信息,本案例中由我们自行推导。

根据前文推算的沿岸(包括海水养殖)、近海、远洋和进口鱼贝类的全国膳食消费量按同样比例算出来自这四个捕获区的鱼贝类的每日个人摄入量。考虑各消费区鱼贝类消费市场中各捕获县的市场份额,进一步计算各消费区来自每个捕获县的沿岸鱼贝类的每日个人摄入量。将 NNS 调查得到的鱼贝类每日摄入量乘以各消费区市场每种鱼贝类所占份额,求得各消费区不同鱼贝类种类的每日个人摄入量。各消费区每个捕获县的鱼贝类所占市场份额以及每种鱼贝类的市场份额,都是根据该地区鱼贝类中央批发市场的数据估计得到,估算方法在下一节有更详细的说明。由于近年来发布的 NNS 数据只给出了鱼贝类每日消费量的平均值和标准偏差,无法得出一个合适的鱼贝类日摄入量的统计分布,因此暴露推定中使用了平均值。

假设近海、远洋和进口鱼贝类的二噁英浓度在全日本范围内是相同的,那么,这些鱼贝类的流通不会改变人类食用鱼贝类所致二噁英暴露评价结果。然而,对于沿岸鱼贝类而言,事情就不一样了。海洋的沿岸地区易于受到陆地上二噁英排放的污染。MOE 的调查表明在沿岸捕获区的海水和沉积物中二噁英浓度存在地理分异。因此,估算不同消费区来自于每个捕获县的沿岸鱼贝类的市场份额,对于估算每个消费区居民食用鱼贝类的二噁英暴露量是很重要的。因此,有必要摸清日本鱼贝类流通网络的情况。进口鱼可能来自于不同的国外的沿岸捕获区,因此可能有不同的二噁英水平,但是我们没有足够的信息和数据来分析源于不同生产国家的进口鱼贝类中的二噁英水平。

(3)通过中央批发市场的鱼贝类的流通

①鱼贝类流通的需要

我们估算了各个县每个种类鱼贝类的供应量和消费量,以分析鱼贝类的流通。按照 MAFF 的定义,估算了沿岸、近海和远洋鱼贝类的不同类别、县别捕获量。MAFF 按照渔业类型和渔船规模定义了远洋拖网、近海渔业和沿岸渔业。应我们的要求,MAFF 提供了按渔业类型和鱼贝类种类的县别捕获量统计数据,以及按渔业类型和渔船吨位的县别捕获量统计数据。

由总务省统计局所做的家计调查中鱼贝类购买数量的数据,估算了各县鱼贝类的消费量。总务省统计局每年都会调查并发布县政府所在城市居民每户每个种类鱼贝类的购买数量。由全日本各种规模的城市每户每种鱼贝类购买量,结合每个县各种规模城市的家庭数量的人口普查结果,我们获得了各县每种鱼贝类的消费量。

各县每种鱼贝类捕获量和购买量的差异表明,在鱼贝类的供应和消费之间存在着地区分布的差异。秋刀鱼就是一个例子(图 3.10)。地区间供给和消费的不平衡决定了鱼贝类的流通。

②鱼贝类流通网络

鱼贝类由捕获区到消费区的流通,主要是通过中央批发市场。根据 MAFF 市场部 1996 年的调查数据,57.2%(体积比)的鱼贝类通过中央批发市场(包括文中分析的

第三章 食品安全评价

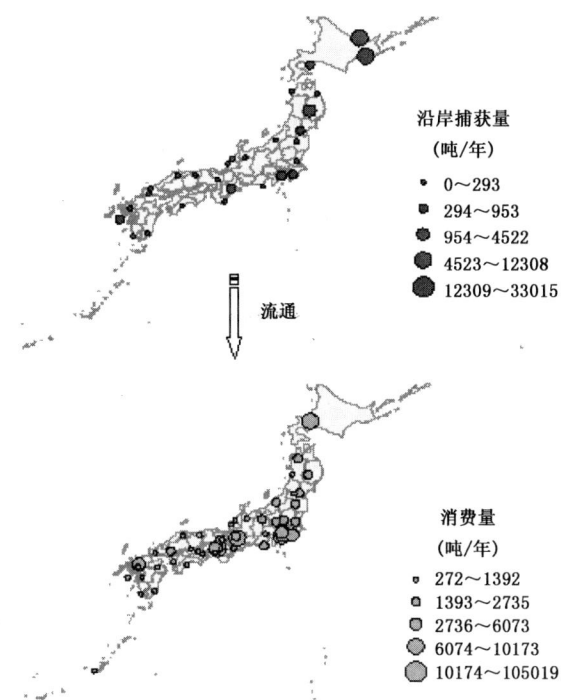

图 3.10 秋刀鱼的沿岸捕获量和消费量

30 个)流通,12.2%通过当地批发市场,剩下的 30.6%通过批发市场体系外的途径①。家庭收入支出调查对每个家庭每月在不同购买地点的鱼贝类支出进行了调查。根据 1999 年调查数据,超市、特殊的零售商店、百货公司、合作社、量贩店、便利店、邮购销售和其他方式的份额分别是 66.7%、17.5%、5.8%、5.1%、0.9%、0.5%、0.4% 和 3.1%。因此,超市和特殊的零售店是人们鱼贝类的主要购买地。然后,我们调查了超市和特殊零售店的鱼贝类供应数据。食品市场研究和信息中心进行的对 113 个鱼贝类零售店的调查显示,零售店的货源批发市场占到 93%(货币价值),批发市场体系以外途径为 7%。另外,对 136 家超市和 11 家其他商店(包括合作社)的研究显示,以货币价值计,76.1% 的新鲜鱼贝类、42.8% 的冷冻鱼贝类、51.6% 的鱼贝类加工品来自批发市场。综上所述,鱼贝类流通的发生主要通过批发市场,尤其是新鲜鱼贝类。

接下来,我们分析了中央批发市场鱼贝类的销售目的地。按体积计算,来自东京批发市场的鱼贝类,62%送往东京,25%送往东京周围的 3 个县,12%到其他县。按体积计算,来自大阪府批发市场的鱼贝类,60%销往大阪,25%销往同一地区的其他县,15%到其他地区。总之,中央批发市场的鱼贝类主要运往该市场所在地区,虽然仍需

---

① "中央批发市场"是指由农林水产省批准的,在人口超过 20 万的县或城市设立的批发市场。"地方批发市场"是指由都道府县知事批准成立的一定规模以上的批发市场(不包含中央批发市场)。

53

要更多确凿的资料证实。

我们的研究重点为日本所有7个地区30个主要的鱼贝类中央批发市场(鱼贝类流通量至少占到所有中央批发市场(53个)流通量的89%)。通过分析这些中央批发市场的批发量数据,我们得到了各产地县的鱼贝类在市场所占份额和各种鱼贝类在市场所占份额。

③ 各捕获区/各种类鱼贝类的市场份额

我们收集并分析了30个中央批发市场(地区A:1个,地区B:3个,地区C:4个,地区D:7个,地区E:4个,地区F:6个,地区G:5个)的统计数据。沿岸鱼贝类消费主要是以新鲜鱼的形式。因此,7个地区消费市场中沿岸鱼贝类的各县份额,由各产地县的新鲜鱼贝类的批发量数据确定。同样,每个地区消费市场中不同种类鱼贝类的市场份额由不同种类鱼贝类的新鲜、冷冻和加工品批发量之和确定。

(4) 来自鱼贝类摄入的二噁英暴露

根据由30个中央批发市场数据分析确定的各捕获区/各种类鱼贝类的市场份额,我们尝试估算了各地区一般居民食用鱼贝类所致二噁英膳食暴露的概率分布。

① 基于捕获区的分析

根据各捕获区鱼贝类中二噁英浓度监测数据,各地区一般居民通过鱼贝类膳食消费途径的二噁英暴露量,可由下列公式计算:

$$Expo_j = \sum_i C_i^A \gamma_{ij}^A I_j^A + C^B I_j^B + C^C I_j^C + C^D I_j^D \tag{3.13}$$

其中,i 为鱼贝类产地县编号;j 为消费地区编号;A、B、C、D 分别代表了沿岸鱼贝类(包括海水养殖)、近海鱼贝类、远洋鱼贝类和进口鱼贝类;C_k^m 为各捕获区鱼贝类中二噁英的浓度分布;I_j^m 代表不同消费地区各捕获区产鱼贝类的每日摄入量;γ_{ij}^A 是在 i 县捕获的沿岸鱼贝类在地区 j 的市场中所占份额,通过分析鱼贝类中央批发市场批发量数据确定。

同一捕获区的鱼贝类(各县的沿岸和海水养殖鱼贝类;全日本的近海、远洋和进口鱼贝类)二噁英浓度的分异,分别用直方图、对数正态分布、最适合分布表示(同上一节所述)。我们采用蒙特卡罗模拟来推定鱼贝类膳食消费所致人类对二噁英暴露量的概率分布。这一模拟运行10000次以获得一个稳定的暴露分布。

② 基于鱼贝类种类的分析

根据种类别鱼贝类二噁英浓度监测数据,估计一般日本居民对鱼贝类中二噁英的膳食暴露,按照下列公式计算:

$$Expo_j = \sum_k C^k I_j^k \tag{3.14}$$

其中,j 为消费地区编号;k 指鱼贝类的种类;C^k 为种类别鱼贝类的二噁英浓度分布;I_j^k 代表各消费地区种类别鱼贝类的每日摄入量,根据鱼贝类中央批发市场数据估计。

同一种类的鱼贝类中二噁英浓度的差异用直方图表示(同前所述)。采用蒙特卡罗模拟推算人类食用鱼贝类所致二噁英暴露量的概率分布。这一模拟运行10000次以获得一个稳定的暴露分布。

2. 结果和讨论

(1) 基于各捕获区鱼贝类中二噁英浓度的分析

① 各捕获区/各种类鱼贝类的市场份额

各捕获县的新鲜鱼贝类在各消费区鱼贝类中央批发市场所占市场份额如图3.11所示。地区A有日本最大的鱼贝类捕获量,并且地区A消费的鱼贝类超过80%都是在本地区捕获的。地区B中各县消费的鱼贝类,主要来源于地区A中的邻近产地县和地区B内的产地县。地区F和G中的各县,超过60%的鱼贝类来自地区内的产地县,其次来源于邻近地区。然而,对于地区C、D和E,情况有所不同:在这三个地区消费的鱼贝类几乎来自于全日本各地。每个产地县在消费地区市场所占市场份额,计算为该地区纳入研究范围的所有中央批发市场的总市场份额。

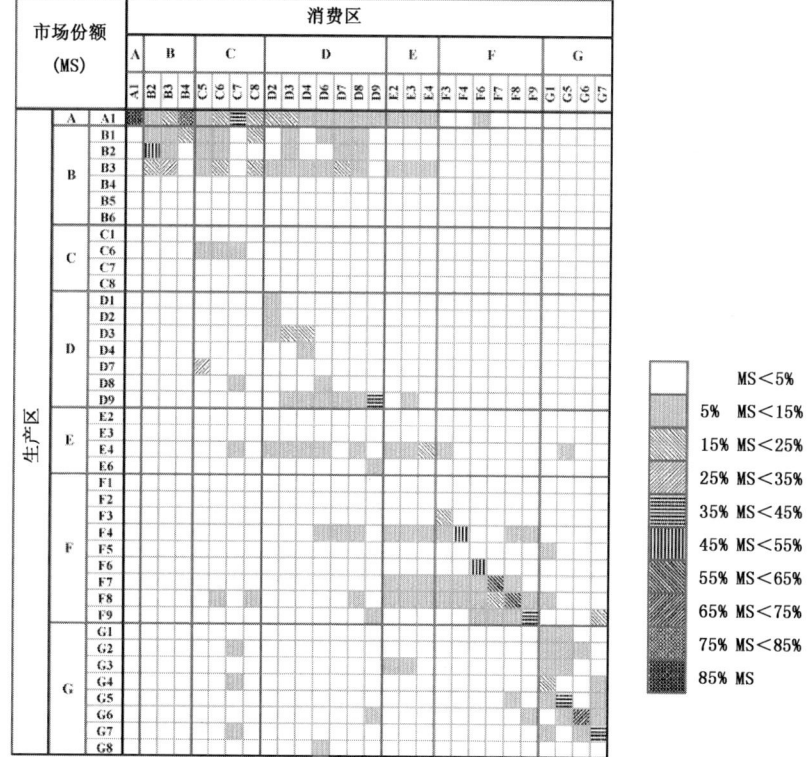

图3.11 中央批发市场所在消费县鲜鱼市场各产地县所占份额

② 鱼贝类中二噁英的地区膳食暴露

考虑不同捕获区的鱼贝类中二噁英浓度的PDFs,我们将蒙特卡罗技术应用于区域鱼贝类膳食消费途径的二噁英人体暴露的概率估计。在情形1、2和3中,同一捕获地区鱼贝类(各县的沿岸和海水养殖鱼贝类;全日本的近海、远洋和进口鱼贝类)中二噁英浓度的差异,分别用直方图、对数正态分布、最适合分布表示(同上一节所述)。三种情形的估计结果没有很大差异,这说明我们提出的暴露估计模型(情景分析)在PDFs选择方面是很稳定的。图3.12a所示为根据各捕获区鱼贝类二噁英浓度直方图计算的7个地区源于鱼贝类摄入的二噁英个人每日摄入量的估计范围。直线表示了一般人群对鱼贝类中二噁英的膳食暴露5%～95%分位点的范围;条形是中位数,黑色方块是平均值。具有人群暴露最大95%分位值的地区(地区B),其一般人群对鱼贝类中二噁英的膳食暴露的平均值(5%～95%分位值),分别为55.5(12.9～172.9)pg-TEQ/日。95%分位值172.9 pg-TEQ/日低于200 pg-TEQ/日的允许值。该允许值由日本二噁英单位体重可容忍每日摄入量(TDI)4 pg-TEQ/日,乘以日本人的平均体重50 kg计算得出。没有观察到鱼贝类中二噁英膳食暴露的显著地区差异。需要注意的是,上述结果是基于30个中央批发市场的新鲜鱼贝类捕获区的信息得出的,由于存在其他鱼贝类的流通途径,我们对鱼贝类中二噁英的膳食暴露的估计结果存在一定的不确定性。

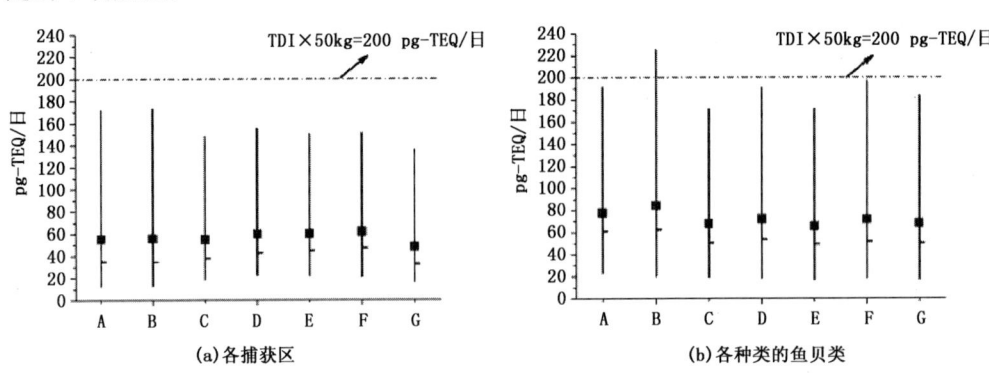

图3.12　七个消费区鱼贝类中二噁英的膳食暴露推定值,基于(a)(b)中二噁英浓度的直方图

③ 灵敏度分析

使用Crystal Ball软件,计算了鱼贝类中二噁英的人类膳食暴露推定分布与各捕获区鱼贝类中二噁英浓度的输入分布假设之间的斯皮尔曼秩相关系数(SROCC)。目的是考察输入分布假设(捕获区鱼贝类中二噁英浓度)对鱼贝类中二噁英的人类膳食暴露推定分布的影响。用SROCC表示的灵敏度分析结果见表3.7。灵敏度系数按降序排列为进口鱼贝类中二噁英水平、近海鱼贝类二噁英水平、其次是沿海某一特定产地县的鱼贝类二噁英水平或者远洋鱼贝类的二噁英水平。加粗的项目突出显示了捕获县的地区内影响。在地区A、B、F和G中,地区内的捕获县的鱼贝类二噁英浓度分布和这些地区居民的鱼贝类中二噁英的膳食暴露推算分布具有较高的相关系数。然而,对于地区C、D和E,情况有所不同:人群对鱼贝类中二噁英暴露的推定分布,不仅受地区内捕获县鱼贝类二噁英浓度的影响,还受其他许多地区的捕获县的影响。

表 3.7　七个消费区内与二噁英膳食暴露估计值相关系数最大的前 10 个捕获区

	A	B	C	D	E	F	G
1	进口	进口	进口	进口	进口	进口	进口
	(0.572)	(0.580)	(0.557)	(0.550)	(0.519)	(0.478)	(0.568)
2	近海	近海	近海	近海	近海	近海	近海
	(0.442)	(0.449)	(0.426)	(0.421)	(0.386)	(0.347)	(0.444)
3	**A1_沿岸**	A1_沿岸	远洋	远洋	**E4_沿岸**	**F8_沿岸**	远洋
	(0.313)	(0.261)	(0.210)	(0.207)	**(0.294)**	**(0.222)**	(0.217)
4	远洋	远洋	B3_沿岸	E4_沿岸	远洋	**F4_沿岸**	**G3_沿岸**
	(0.207)	(0.211)	(0.130)	(0.180)	(0.191)	**(0.205)**	**(0.152)**
5	F8_沿岸	**B1_沿岸**	F8_沿岸	F8_沿岸	F7_沿岸	**F3_沿岸**	**G5_沿岸**
	(0.036)	**(0.085)**	(0.105)	(0.111)	(0.110)	**(0.190)**	**(0.095)**
6	F1_沿岸	**B2_沿岸**	**C6_沿岸**	C6_沿岸	F8_沿岸	远洋	C6_沿岸
	(0.025)	**(0.042)**	**(0.104)**	(0.088)	(0.099)	(0.177)	(0.088)
7	C6_沿岸	**B3_沿岸**	D8_沿岸	B2_沿岸	F4_沿岸	**F7_沿岸**	**G1_沿岸**
	(0.024)	**(0.031)**	(0.087)	(0.069)	(0.090)	**(0.152)**	**(0.081)**
8	B3_沿岸	F1_沿岸	E4_沿岸	A1_沿岸	F3_沿岸	**F6_沿岸**	F9_沿岸
	(0.019)	(0.025)	(0.078)	(0.065)	(0.081)	**(0.082)**	(0.060)
9	B2_沿岸	**B6_沿岸**	A1_沿岸	**D8_沿岸**	C6_沿岸	E4_沿岸	F8_沿岸
	(0.016)	**(0.023)**	(0.074)	**(0.064)**	(0.048)	(0.078)	(0.057)
10	E2_沿岸	C6_沿岸	B1_沿岸	F3_沿岸	D9_沿岸	**F9_沿岸**	**G4_沿岸**
	(0.014)	(0.016)	(0.072)	(0.061)	(0.044)	**(0.063)**	**(0.054)**

注：括号中的值是 SROCC 值，X_n 代表了在 X 区域内的第 n 个县；粗体突出显示了在本地区具有影响的捕获县

(2) 基于各种类鱼贝类中二噁英浓度的分析

① 各种鱼贝类的市场份额

根据 29 个中央批发市场的批发量数据（图 3.13）（鹿儿岛中央批发市场没有具体种类的鱼贝类批发量数据），计算了每种鱼贝类在各地区纳入研究范围的所有中央批发市场所占总市场份额。三文鱼在地区 A 和 B 的市场份额较其他地区高，而地区 B、C 和 D 中的金枪鱼比其他地区卖得更多。鱿鱼、章鱼、虾和蟹在地区 A 的市场份额高。在地区 F 和 G，"其他新鲜的鱼"占比例较大。由于鱼贝类中二噁英水平依据鱼贝类种类不同而有差异，不同种类鱼贝类所占市场份额的地区间差异，可能会影响这些

地区鱼贝类膳食消费途径二噁英平均人类暴露的推定结果。尽管这29个中央批发市场包含了日本主要的中央批发市场,但当地批发市场和批发市场以外流通途径的影响不容忽视。

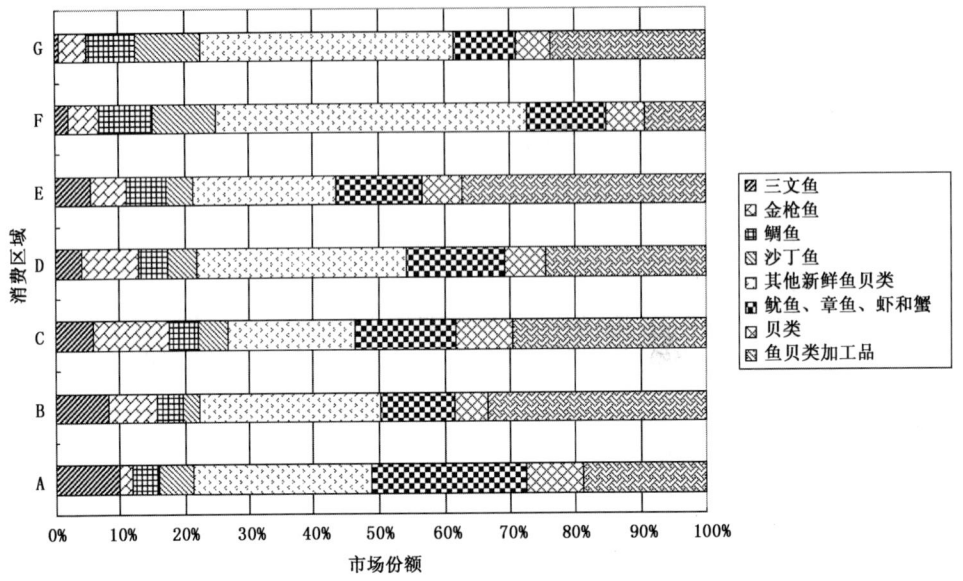

图3.13 每种鱼贝类在七个地区消费市场中所占市场份额

② 鱼贝类中二噁英的地区膳食暴露

通过计算各种类鱼贝类二噁英浓度的直方图,我们将蒙特卡罗技术应用于各地区鱼贝类膳食消费途径二噁英暴露的概率估计。图3.12b所示为根据各种类鱼贝类二噁英浓度分布计算的7个地区源于鱼贝类摄入的二噁英个人每日摄入量的估计范围。具有人群暴露最大95%分位值的地区(地区B),其一般人群对鱼贝类中二噁英的膳食暴露的平均值(5%~95%分位值),分别为84.1(20.5—225.1) pg-TEQ/日。没有观察到鱼贝类中二噁英膳食暴露的显著地区差异。尽管最大的95%分位值225.1 pg-TEQ/日比最大允许值200 pg-TEQ/日仅仅大一点,需要注意的是这一结果是基于29个中央批发市场各鱼贝类种类的市场份额信息得出的。由于存在其他鱼贝类的流通途径,鱼贝类中二噁英的膳食暴露估计结果存在一定的不确定性。最重要的是,事实上由于鱼贝类二噁英浓度监测数据的数量有限,我们不能同时考虑捕获区和鱼贝类种类的影响。实际上,地区B消费的鱼贝类主要来自于地区A和B本身(图3.13),并且在地区A沿岸海域捕获的鱼贝类的二噁英平均浓度非常低。上述结果是基于鱼贝类中二噁英的全日本平均浓度得出的,在考虑不同鱼贝类种类的贡献时,没有考虑不同捕获地区鱼贝类中二噁英浓度的差异。

③ 灵敏度分析

使用 Crystal Ball 软件(Decisioneering, Inc.)，计算了鱼贝类中二噁英的人类膳食暴露推定分布与不同种类鱼贝类中二噁英浓度输入分布假设之间的 SROCC。目的是考察输入分布假设(各种类鱼贝类中的二噁英浓度)对鱼贝类中二噁英的人类膳食暴露推定分布的影响。以 SROCC 表示的灵敏度分析结果见表 3.8。与鱼贝类中二噁英膳食暴露相关系数最高的是"其他新鲜的鱼"，其次是"鱼贝类加工品"。鱼贝类消费所致人类二噁英暴露的第 3 大影响鱼贝类种类是：对于地区 A 而言的"鱿鱼、章鱼、虾、蟹"，对地区 B、C、D 和 E 而言的"金枪鱼"，和对地区 F 和 G 而言的"沙丁鱼"。

表 3.8　七个消费区内与鱼贝类中二噁英膳食暴露估计值相关性最大的前 8 种鱼贝类

	A	B	C	D	E	F	G
三文鱼	4	4	5	7	6	8	8
	(0.192)	(0.142)	(0.107)	(0.068)	(0.101)	(0.028)	(0.006)
金枪鱼	6	3	3	3	3	4	4
	(0.100)	(0.252)	(0.359)	(0.286)	(0.221)	(0.183)	(0.165)
鲷鱼	8	6	7	6	5	5	5
	(0.083)	(0.070)	(0.085)	(0.080)	(0.106)	(0.139)	(0.126)
沙丁鱼	5	7	6	5	7	3	3
	(0.118)	(0.054)	(0.089)	(0.090)	(0.082)	(0.190)	(0.180)
其他新鲜鱼贝类	1	1	2	1	2	1	1
	(0.622)	(0.557)	(0.456)	(0.617)	(0.499)	(0.799)	(0.699)
鱿鱼、带鱼、虾、蟹	3	5	4	4	4	6	6
	(0.283)	(0.129)	(0.187)	(0.169)	(0.158)	(0.134)	(0.103)
贝类	7	8	8	8	8	7	7
	(0.087)	(0.049)	(0.071)	(0.055)	(0.056)	(0.057)	(0.049)
鱼贝类加工品	2	2	1	2	1	2	2
	(0.395)	(0.522)	(0.504)	(0.419)	(0.587)	(0.194)	(0.406)

3. 结论

本研究案例的贡献在于，在地区暴露评估中引入食品流通的信息分析。就方法而言，这将使我们能够评估主要是从市场购买食品的一般人群的暴露状态，并进一步从流通链源头上控制有害化学品的暴露。该方法可用来进一步研究食物中有害化学物质膳食暴露的地域差异，并且衡量这些化学污染物产区间环境浓度的差异所产生的影响。

作为一个案例研究，我们以日本 7 个地区的一般居民为暴露人群，推得各地区鱼贝类中二噁英膳食暴露的概率分布,这一估算是基于对鱼贝类流通网络的分析,使用了全日本 30 个主要鱼贝类中央批发市场的鱼贝类批发数据。虽然,评估中的一些假设条件以及所用数据来源的异质性,会影响模型的灵敏度。但是这里使用的输入变量是基于高质量、可靠的、特定地点的监测数据,因此暴露估值和算得的相关系数具有较好的可信性。我们估计了鱼贝类中二噁英膳食暴露的地域差异,并列出了对暴露有影响的前 10 个捕获区和前 8 种鱼贝类。为了保证结果的真实性,应进一步减少不确定性。在对特定暴露人群的进一步暴露评估之后,应该进行对鱼贝类消费量的进一步研究和数据收集,以减少这些不确定性。

值得注意的是,由于来自于中央批发市场的信息不能全面反映实际的鱼贝类的流通网络,基于我们对流通网络分析推得的源于鱼贝类消费的人类二噁英暴露的估计结果存在不确定性。应通过进一步调查弄清通过当地批发市场和批发市场以外的其他途径的鱼贝类的流通。收集更多的特定地点鱼贝类中二噁英浓度的详细数据,同时考虑捕获区和鱼贝类种类,可以减少暴露估计结果的不确定性。可以对鱼贝类加工品(约占鱼贝类消费量的 30%)的主要原料种类进行调查,而不是采用不考虑鱼贝类种类差异的平均二噁英浓度估算鱼贝类加工品的二噁英膳食暴露,以更准确地确定特定种类鱼贝类的影响。

三、基于市场流通模型的一般居民有害污染物膳食暴露评价

要想从源头上通过控制产地的环境污染以减轻人类经膳食途径对污染物的暴露,就需要掌握消费市场农副产品的产地信息。案例二基于日本 30 多个中央批发市场的鱼贝类流通信息和数据,利用产地鱼贝类二噁英浓度的监测数据,评估了各消费地区居民鱼贝类膳食摄入途径二噁英的暴露量。并进一步分析了对各消费地区暴露量影响较大的产地县及影响较大的鱼贝类品种。但是,由于市场流通渠道的复杂性,很难获取较全面的农副产品流通统计数据。本案例以日本鱼贝类膳食摄入途径二噁英类暴露评价为例,利用案例二的数据,采用线性规划方法建立流通模型,模拟新鲜鱼贝类从产地到消费地的流通,建立了消费地居民鱼贝类暴露量与产地环境污染状况的相关关系。为环境决策者通过改善产地环境污染状况从根本上减轻二噁英类暴露量提供了科学依据。实证分析虽然以日本为例,但其评价方法和手段完全适用于我国有害污染物的膳食暴露评价。

1. 基于鱼贝类流通分析的暴露评价方法

本案例提出了一种方法,旨在建立不同地区一般居民二噁英类污染物暴露量与不同产地鱼贝类二噁英类污染物浓度之间的相关关系。利用带有采样点地理信息的鱼贝类二噁英类污染物监测浓度数据,通过建立鱼贝类流通模型,对不同地区一般居民的二噁英类暴露量分布进行概率性评价。考察不同产地鱼贝类中二噁英类物质对不同消费地区居民二噁英类污染物暴露的贡献率。具体步骤如下:①将鱼贝类按产地分

类,由鱼贝类监测浓度数据求得不同产地鱼贝类中二噁英类污染物浓度的统计分布;②按鱼种分别估算县别鱼贝类的供需数量,分析鱼贝类的流通需求;③建立鱼贝类流通模型,模拟鱼贝类从产地到消费地的流通,求得不同产地鱼贝类在消费地市场上的占有率;④确定主要消费地区一般居民不同产地鱼贝类的摄入量;⑤求得主要消费地区一般居民鱼贝类膳食摄入途径二噁英类暴露量的统计分布;⑥计算不同产地鱼贝类对主要消费地区一般居民二噁英类暴露量的贡献率。

(1)鱼贝类二噁英类浓度的空间分异

本案例依据日本环境省和农林水产省监测数据,分析了鱼贝类二噁英类污染物浓度的空间分异。根据产地的不同,我们将鱼贝类划分为沿岸鱼贝类(包括沿岸养殖)、近海鱼贝类、远洋鱼贝类及进口鱼贝类。由于沿岸海域易受陆地人类活动排放二噁英类污染物的影响,鱼贝类二噁英浓度存在着地理分异,又将沿岸鱼贝类按照其邻接的县域进一步进行了分组。日本的县相当于我国的省,其全国共有 47 个县,其中 39 个是濒海县。沿岸鱼贝类的二噁英类污染物浓度较高,大约为其他产地鱼贝类浓度的两倍。沿岸产区县别鱼贝类的地理分异,由于篇幅所限,没有详细列出。

为表达同一产区内鱼贝类二噁英类污染物监测浓度的非确定性和浓度分异,本案例求得鱼贝类产地别二噁英类监测浓度的平均值和标准偏差等统计量,描绘了产地别鱼贝类二噁英类监测浓度的直方图,并拟合了产地别鱼贝类二噁英监测浓度的统计分布。应用 Bestfit 软件包,首先将鱼贝类二噁英类浓度监测值与不同参数化分布(正规分布、极值分布、指数分布、对数正规分布、三角分布等)进行拟合。再通过比较监测值与若干拟和分布的累积分布曲线的拟合度,进一步通过最佳拟合度检验,最终确定最佳拟合分布。最佳拟合分布的具体确定方法在案例一中有详细论述。

(2)鱼贝类流通分析

① 鱼贝类供需量的空间分布差异

通过计算鱼种别县别鱼贝类供需量分析鱼贝类的流通需求。日本农林水产省每年都发布全日本渔业种类别鱼种别渔获量统计数据及渔业种类别渔船规模别渔获量统计数据。全日本远洋鱼贝类、近海鱼贝类和沿岸鱼贝类渔获量按照农林水产省基于渔业种类和渔船规模的远洋渔业、近海渔业和沿岸渔业的定义计算。鱼贝类进口数量由农林水产省公布的统计数字获得。沿岸渔业鱼贝类县别渔获量数据未公开发表,由农林水产省个别提供。沿岸水产养殖业鱼贝类县别生产量数据由农林水产省统计年报获得。鱼贝类食用供给量由鱼贝类渔获量和进口数量乘以鱼贝类食用率求得。县别鱼贝类需求量由总务省统计局的家计调查数据推得。总务省统计局每年都对家庭别鱼种别购买量进行调查并发布统计数据。县别鱼种别需求量由家庭别鱼种别购买量乘以相应人口的家庭数求得。鱼种别县别鱼贝类食用供给量和购买量的差异表明了鱼贝类供需量地理分布的差异。地区间鱼贝类供需的不平衡,是鱼贝类流通存在的主要原因。

② 鱼贝类的流通途径

为了解鱼贝类的流通状况,我们搜集并分析了很多文献资料及相关数据可知,鱼贝类主要通过中央批发市场从产地流通到消费地。根据农林水产省市场部调查,以鱼贝类流通量衡量,57.2%的鱼贝类通过中央批发市场,12.2%通过地方批发市场,31.6%通过市场外渠道由产地流通到消费地。消费地中央批发市场的鱼贝类主要销往同一地区。

近海鱼贝类、远洋鱼贝类产区内地理分异不明显,进口鱼贝类二噁英类浓度监测数据有限,因此,本研究案例只在全日本水平上研究其浓度分布。因此,近海鱼贝类、远洋鱼贝类与进口鱼贝类从产地到消费地的流通,并不影响消费地居民鱼贝类膳食摄入途径二噁英类暴露的评价结果。但是沿岸鱼贝类,由于其鱼中二噁英类污染物浓度地理分异的存在,鱼贝类流通状况,换句话说,消费地市场鱼贝类的产地构成成为我们研究二噁英类暴露量地理分异所必须探究的重要因素。

③ 鱼贝类的流通模型

沿岸鱼贝类主要作为新鲜鱼贝类消费,鱼贝类的鲜度是其流通过程中首先需要考虑的问题。因此,沿岸鱼贝类需要在最短的时间内从产地运送到消费地市场,送到居民的餐桌上。本案例采用线性规划模型来模拟沿岸鱼贝类的流通,目标是在满足各县供需量限制条件的前提下,使鱼贝类从产地运送到消费地市场的总时间最短。

$$\text{Minimize} \quad \sum_{i,j} T_{ij} \cdot V_{ij}^k \tag{3.15.1}$$

$$\sum_i V_{ij}^k = D_j^k \tag{3.15.2}$$

$$\sum_j V_{ij}^k \leqslant S_i^k \tag{3.15.3}$$

$$(i = 1, 2, \cdots, 47; j = 1, 2, \cdots, 47)$$

其中,T 是运送时间;V 是运送量;D 是沿岸鱼贝类的消费量,假设沿岸鱼贝类的县别消费量与同种鱼贝类鲜鱼的县别消费量成正比;S 是沿岸鱼贝类的食用供给量;i 是生产县序号;j 是消费县序号;k 是沿岸鱼贝类的鱼种序号,本研究案例考虑了金枪鱼、鲑鱼、沙丁鱼、鱿鱼、虾、蟹、贝类等15种主要鱼贝类,15种以外的鱼种归为其他鱼贝类进行分析。

式(3.15.1)是将 k 鱼种沿岸鱼贝类从产地运往消费地市场的总时间,线性规划模型的目标是确定 V_{ij}^k 的取值使目标函数值最小化。式(3.15.2)保证 k 鱼种沿岸鱼贝类由各产地县运抵消费县 j 的总量满足消费县 j 的需求量;式(3.15.3)保证 k 鱼种沿岸鱼贝类由产地县 i 运往各消费县的总运出量在产地县 i 的供给量范围内。我们采用 LINGO™ 软件来求解这个线性规划流通模型。

由式(3.16)可以求得产地县 i 的沿岸鱼贝类在消费县 j 的水产品市场上沿岸鱼总销售量中所占份额。产地县 i 的沿岸鱼在消费地区 s 的市场占有率由地区 s 内所有县来自产地县 i 的沿岸鱼总量除以该地区市场来自所有产地县的沿岸鱼总量求得。

$$r_{ij}^{coastal} = \sum_k V_{ij}^k / \sum_i \sum_k V_{ij}^k \tag{3.16}$$

(3) 鱼贝类摄入量的地理分异

膳食摄取鱼贝类的种类及速率依地区不同而有所差异。日本厚生省每年都在全日本范围内进行一次膳食营养调查并公布主要调查结果。图 3.14 显示的是 2001 年不同地区鱼贝类平均摄入量的调查结果。沿岸鱼贝类、近海鱼贝类、远洋鱼贝类及进口鱼贝类的摄入量由总摄入量乘以鱼贝类食用供给量中这 4 种不同产地鱼贝类各自所占比例求得。

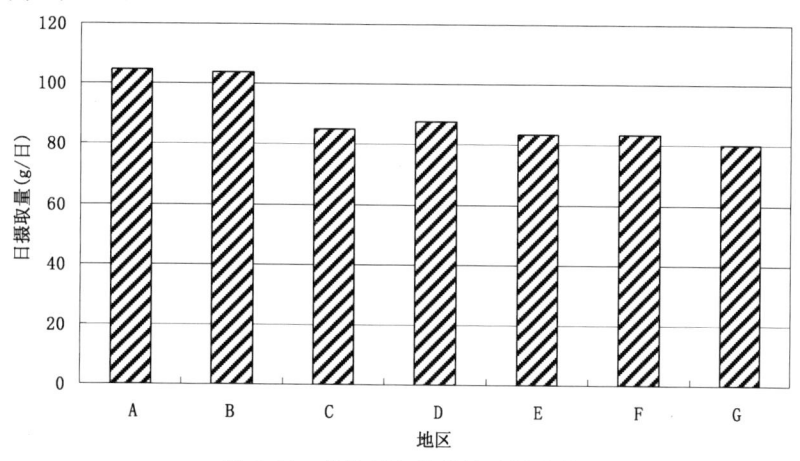

图 3.14 各地区鱼贝类的日摄取量

(4) 鱼贝类膳食摄入途径二噁英类暴露量

不同地区鱼贝类膳食摄入途径一般居民二噁英类污染物暴露量可由下式计算：

$$Expo_s = \sum_i Conc_i^A \cdot r_{is}^A \cdot I_s^A + Conc^B \cdot I_s^B + Conc^C \cdot I_s^C + Conc^D \cdot I_s^D \tag{3.17}$$

其中，i 是生产县序号；s 是消费地区序号；A,B,C,D 分别表示沿岸鱼贝类(包括沿岸养殖)、近海鱼贝类、远洋鱼贝类和进口鱼贝类；$Conc$ 表示鱼贝类二噁英类浓度的概率分布，这里采用二噁英类监测浓度的最佳拟合分布；I 表示鱼贝类日摄入量；r_{is}^A 是 i 县产沿岸鱼在 s 地区鱼贝类市场上沿岸鱼总销售量中所占比例，根据流通模型的计算结果确定。

采用 Monte Carlo 方法，使用 Crystal Ball™ 软件包计算不同地区一般居民鱼贝类膳食摄入途径二噁英类污染物暴露量的统计分布，暴露模型模拟运行 10000 次以获得暴露量的稳定分布。

2. 结果与讨论

(1) 不同地区二噁英类暴露量

考虑鱼贝类中二噁英类污染物浓度的产地别统计分布，采用 Monte Carlo 方法，我们得到不同地区居民源于鱼贝类摄入的二噁英类暴露量的概率分布。图 3.15 所示

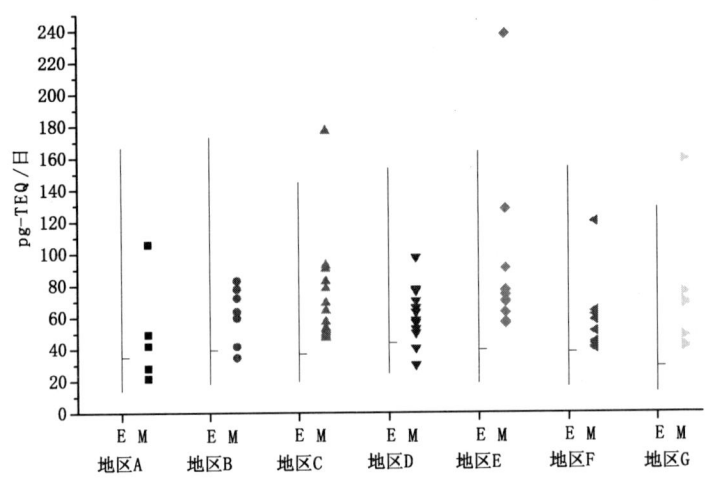

图 3.15 日本 7 地区鱼贝类膳食摄入途径二噁英类暴露推定量

是 7 个地区居民鱼贝类膳食摄入途径二噁英类暴露量的推定范围。线段及上面的横杠分别表示 90% 双侧置信区间及平均值。7 个地区中居民经由鱼贝类膳食摄入途径的二噁英类污染物日摄取量的最大值为 176.85 pg-TEQ/日,低于 200 pg-TEQ/日。200 pg-TEQ/日是由日本二噁英类污染物可耐受日摄入量(Tolerable Daily Intake,TDI) 4pg-TEQ/日,乘以日本人的平均体重 50 kg 算得。本研究案例没有观察到不同地区间居民鱼贝类膳食摄入途径的二噁英类污染物暴露量在统计学上具有显著差异。

(2) 与监测值的比较

图 3.15 中所示的点为日本 7 个地区 1998—2002 年 TDS 调查中来源于鱼贝类的二噁英类暴露量的测定值。可以看出,除个别点之外,7 个地区的测量值基本上均在推测值的 90% 双侧置信区间内。

(3) 灵敏度分析

采用 Crystal Ball 软件包计算了斯皮尔曼秩相关系数(Spearman Rank Correlation Coefficient (SRCC)),以确定二噁英类污染物暴露量分布(推测量)与产地别鱼贝类二噁英类浓度分布(输入假设分布)的相关关系。图 3.16 显示的是日本人口最密集的两个地区 C 和 E 的二噁英类暴露量分布的 SRCC 计算结果,县 X_n 表示属于地区 X 的 n 县。可以看出,对于地区 C 和 E,进口鱼与近海鱼浓度分布对暴露量推定分布的影响都是非常大的。沿岸鱼中影响比较大的县主要是捕获量比较大或鱼中二噁英类浓度相对较高者。由于这两个地区集中了日本近一半的人口,鱼贝类的消费量很大,沿岸鱼来源不仅限于本地区及邻近地区,而是来源于全国各地区。但是,消费地区与产地县之间地理距离的远近也是一个较为重要的影响因素。对地区 C 暴露量影响比较大的沿岸鱼主要来源于本地区及邻近地区 B 及捕获量最大的 A 地区;对地区 E 来讲,对暴露量影响比较大的沿岸鱼主要来源于本地区及邻近地区 F、G。因此,要减小研究地区居民源于鱼贝类摄入的二噁英类膳食暴露,就要根据灵敏度分析结果,关注对暴露量影响比较大的产地县,优先控制其环境中二噁英类污染物的浓度。

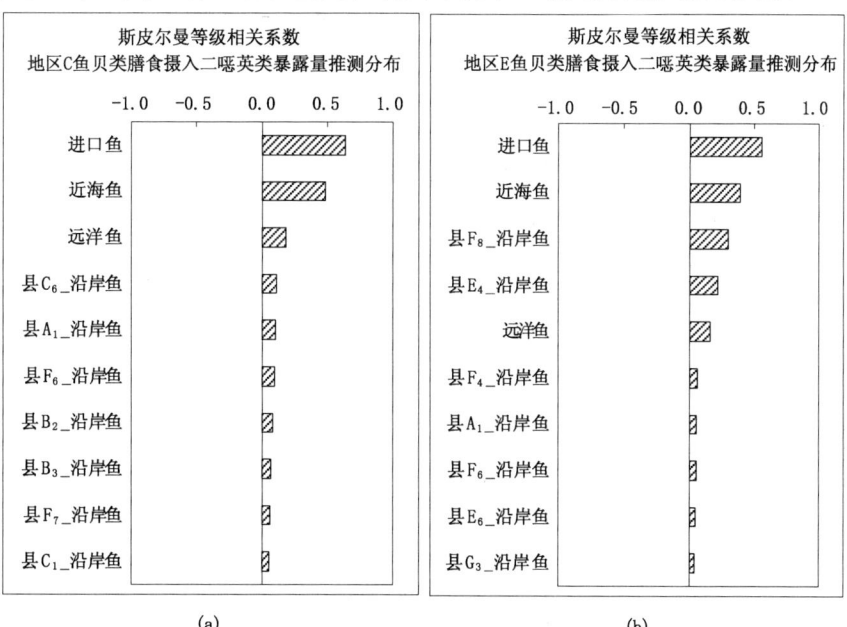

图3.16　地区C和地区E鱼贝类膳食摄入二噁英类暴露量的灵敏度分析

3. 结语

利用具有采样地地理信息的鱼贝类二噁英类污染物浓度监测值,通过建立模拟鱼贝类由产地到消费地流通状况的流通模型,建立了产地环境浓度与消费地一般居民鱼贝类膳食摄入途径二噁英类暴露量之间的源—受体相关关系,探讨了一般居民鱼贝类膳食摄入途径二噁英类暴露量的空间分异及其与产地环境浓度地理分异的关系。进一步提出通过优先降低对一般居民二噁英类膳食暴露影响较大的产地的环境二噁英类浓度,从源头上有效地减小居民二噁英类膳食暴露的建议。该方法可以应用于膳食摄入为主要暴露途径的污染物的暴露评价,但本案例建立的流通模型只考虑了运送时间最短的目标函数,实际流通受到很多因素的影响,更为复杂。需要在进一步调查流通影响要素的基础上,改进流通模型,使其更加接近实际的流通状况。另外,需要提起注意的是,此处二噁英类膳食暴露量的概率分布是基于流通模型模拟运算结果推算的,具有一定程度的非确定性。

参考文献

東京都都庁.1998.母乳中にダイオキシン類に関する調査及び食事由来のダイオキシン類摂取量調査の中間報告[R].東京.

東京中央卸売市場.2004.中央卸売市場の搬出量,http://www.shijou.metro.tokyo.jp/01/siryou_

01/01_06_01_6. html（2004 年 6 月 6 日にアクセス）.

東京中央卸売市場. 2007. 中央卸売市場の搬出量, http://www. honjo-osaka. or. jp/annai/about. html（2007 年 10 月 13 日にアクセス）.

日本厚生省. 1999—2003. トータルダイエットスタディ, 1998—2002. 東京.

日本厚生省. 2005. 国民栄養調査, 2003. 東京.

日本環境省. 2000. ダイオキシン類緊急全国一斉調査, 1999. 東京.

日本環境庁. 1997. ダイオキシン類リスク評価委員会報告[R]. 東京.

日本農林水産省. 2002. 魚介類中のダイオキシン類の実態調査, 1999—2001. 東京.

日本農林水産省. 2004a. 漁業・養殖業生産統計年報, 2002. 東京.

日本農林水産省. 2004b. 水産物流通統計年報, 2002. 東京.

日本農林水産省. 2004c. 提供されたデータ, 県別漁業生産統計, 2002. 水産庁, 東京.

日本総務省統計局. 2001. 人口センサス, 2000. 東京.

日本総務省統計局. 2003. 家計調査, 2002. 東京.

石阶平等. 2008. 食品安全风险评估. 北京：中国农业大学出版社.

食品需給研究センター. 2000. 卸売市場実態調査報告書[R], 56-76.

中西準子, 蒲生昌志, 岸本充生, 宮本健一. 2003. 環境リスクマネジメントハンドブック. 東京：朝倉書店.

Cao H, Suzuki N, Sakurai T, et al. 2008. Probabilistic estimation of dietary exposure of general Japanese population to dioxins in fish, using region-specific fish monitoring data. *Journal of Exposure Science and Environmental Epidemiology*, 18(3)：236-245.

Cullen A. C. , and Frey H. C. 1999. Probabilistic Techniques in Exposure Assessment：A Handbook for Dealing with Variability and Uncertainty in Models and Inputs[J]. Plenum, NewYork, 143.

Environment Agency of Japan. 1997. Report of Committee on Risk Assessment of Dioxins. Planning and Coordination Bureau, Tokyo.

Finley B and Paustenbach D. 1994. The benefits of probabilistic exposure assessment：Three case studies involving contaminated air, water and soil[J]. *Risk Anal*, 14(1)：53-73.

Food Marketing Research and Information Center (FMRIC). 1999. Report on the Investigation of the Seafood Circulation：Trades on Domestic Wholesale Markets. Tokyo.

Food Marketing Research and Information Center (FMRIC). 2000. Report on the Investigation of Wholesale Markets. Tokyo (in Japanese).

Government of Japan. Dioxins. 2003. http://www. env. go. jp/en/topic/dioxin/brochure2003. pdf.

Government of Japan. Dioxins. 2003 [R]. http://www. env. go. jp/en/topic/dioxin/brochure2003. pdf.

Johnston JJ and Snow JL. 2007. Population-based fish consumption survey and probabilistic methylmercury risk assessment[J]. *Hum Ecol Risk Assess*, 13(6)：1214-27.

Lawrence GS and Chapman PM. 2007. Human health risks of selenium-contaminated fish：A case study for risk assessment of essential elements[J]. *Hum Ecol Risk Assess*, 13(6)：1192-213.

Lunchick C. 2001. Probabilistic exposure assessment of operator and residential non-dietary exposure [J]. *Ann Occup Hyg*, 45(1001)：29-42.

Masunaga S., Yao Y., Ogura I., Nakai S., Kanai Y., and Yamamuro M., et al. 2001. Identifying sources and mass balance of dioxin pollution in Lake Shinji Basin, Japan[J]. *Environ Sci Technol*, **35**: 1967-1973.

Ministry of Agriculture, Forestry and Fisheries of Japan (MAFF). 2002. Investigation of Dioxins in Seafood, 1999—2001. Tokyo.

Ministry of Agriculture, Forestry and Fisheries of Japan (MAFF). 2004a. Annual Statistical Report of Seafood Circulation. Tokyo.

Ministry of Agriculture, Forestry and Fisheries of Japan (MAFF). 2004b. Annual Statistical Report on Production of Fisheries and Aquaculture, 2002. Tokyo.

Ministry of Agriculture, Forestry and Fisheries of Japan (MAFF). 2004c. Supplied data, Statistics on fish production by prefecture, 2002. Fisheries Agency, Tokyo.

Ministry of Health, Labor and Welfare of Japan (MHLW). 1999—2003. Total Dietary Studies, 1998—2002. Tokyo.

Ministry of Health, Labor and Welfare of Japan (MHLW). 2003. National Nutrition Survey, 2001. Tokyo.

Ministry of the Environment (MOE). 2000. Survey of Dioxins in Public Water Areas, etc., 1999. Tokyo.

MPMHPT (Ministry of Public Management, Home affairs, Posts and Telecommunications). 2000. Family Income and Expenditure Survey, 1999. Statistical Bureau, Tokyo, Japan.

Osaka Central Wholesale Market. 2003. Annual Report of Osaka Central Wholesale Market, 2002. Osaka.

Sakurai T. 2003. Dioxins in aquatic sediment and soil in the Kanto region of Japan: Major sources and their contributions[J]. *Environ Sci Technol*, **37**:3133-3140.

Suzuki N, Ishikawa N, Takei T, et al. 2000. Human exposure to PCDDs, PCDFs and Co-PCBs in Japan[J]. *Organohalogen Comp*, **64**:67-70.

Suzuki N., Murasawa K., Sakura T., Nansai K., Matsuhashi K., and Moriguchi Y., et al. 2004. Geo-referenced multimedia environmental fate model (G-CIEMS): Model formulation and comparison to the generic model and monitoring approaches[J]. *Environ Sci Technol*, **38**: 5682-5693.

Tajimi M., Watanabe M., Oki I., Ojima T., and Nakamura Y. 2004. PCDDs PCDFs and Co-PCBs in human breast milk samples collected in Tokyo[J], *Japan. Acta Paediatrica*, **93**(8): 1098-1102.

Takayama K., Miyata H., Aozaki O., Mimura M., and Kashimoto T. 1991. Dietary intake of dioxin-related compounds through food in Japan[J]. *Shokuhin Eisegaku Zasshi*, **32**(6): 525-532.

Thirty Central Wholesale Markets (Sapporo, Sendai, Morioka, Akita, Tokyo, Yokohama, Chiba, Kofu, Kanazawa, Fukui, Toyama, Nagoya, Mie, Gifu, Shizuoka, Osaka Prefecture, Osaka City, Kobe, Kyoto, Hiroshima, Okayama, Takamatsu, Matsuyama, Kochi, Tokushima, Fukuoka, Oita, Miyazaki, Kitakyusyu, Kagoshima). 2003. FY2002's Annual Reports of 30 Central Wholesale Markets.

Tokyo Central Wholesale Market. 2003. Annual Report of Tokyo Central Wholesale Market, 2002. Tokyo.

Tokyo Metropolitan Government. 1998. Interim Report on Survey of Dioxins and Related Compounds in Breast Milk, and Outlines of Survey of Intake of Dioxins and Related Compounds via Foods in 1998. Tokyo.

Tsutsumi T., Yanagi T., Nakamura M., Kono Y., Uchibe H., and Iida T., *et al*. 2001. Update of daily intake of PCDDs PCDFs, and dioxin-like PCBs from food in Japan[J]. *Chemosphere*, **45**(8): 1129-1137.

Van den Berg M, Birnbaum L, Bosveld A T C, *et al*. 1998. Toxic equivalence factors (TEFs) for PCBs, PCDDs, PCDFs for humans and wildlife[J]. *Environ. Health Perspect.* **106**(12), 775-792.

Van Sprang P. A., Verdonck F. A. M., Vanrolleghem P. A., Vangheluwe M. L., and Janssen C. R. 2004. Probabilistic environmental risk assessment of zinc in Dutch surface waters[J]. *Environ Toxicol Chem*, **23**(12): 2993-3002.

Yoshida K., Ikeda S., and Nakanishi J. 2000. Assessment of human health risk of dioxins in Japan [J]. *Chemosphere*, **40**: 177-185.

第四章　区域健康风险评价

为顺应污染物环境管理的实际需求，环境风险评价正在经历一个由单一污染物风险评价向多种污染物累积风险综合评价的转变。这一转变体现在观念、学术研究和立法的各个方面。自1983年美国国家研究委员会首次发布评价指南以来，环境风险评价被广泛应用于新化学物质审查、环境标准制定、环境政策评价等环境管理实践中。传统的环境风险评价是针对单一污染物进行的，因此现有环境标准及毒性数据库中的可接受暴露水平都是针对单一污染物的。矿山、工厂、加油站和垃圾填埋场等污染场地风险评价的需求是向多种污染物累积风险评价转变的契机。美国于20世纪80年代先后完成了法律、风险评价指南和技术细则的制定，对典型污染场地开始了健康风险评价和治理工作，并在1986年的增补法案中明确指出在可能的条件下研究开发化学污染物复合暴露的健康效应评价方法。欧盟16国于1996年完成污染场地风险评价协商行动指南，加强欧盟国家污染场地调查和治理的理论指导和技术交流。其他国家如加拿大、澳大利亚和波兰等国均采用美国提出的风险评价方法。值得关注的是，最近美国《食品质量保护法》和《安全饮用水法修正案》也都增加了相关内容，要求针对所有膳食和非膳食暴露途径，考虑化学污染物复合暴露对人类健康的潜在影响。

我国乡镇企业迅猛发展，从单一农业向农、工、水产养殖业多种经营的产业模式转换，人民生活水平得到很大提高。但有些乡镇企业不注重环境保护，将大量有毒有害污染物排放到环境中。农药化肥的过量使用，使得土壤重金属及农药残留浓度增高，水体富营养化严重。工业、农业及生活污染源排放的多种污染物经由呼吸、饮水、膳食摄入及皮肤接触等多种途径进入人体，对当地居民身体健康产生严重危害。我国发达地区乡镇体现了一个多种来源多种污染物混合污染的特点。探索区域混合污染下的乡镇居民健康风险综合评价方法，加强有毒有害污染物管理，势在必行。

混合污染物的联合毒性作用可以采用多种方法进行研究，比如，混合污染物的 *in vivo* 和 *in vitro* 毒性试验，基于生理的药代动力学（PBPK）模型及结构—活性相关（SAR）技术。美国毒物与疾病登记署起草了化学混合物协同毒性作用评价指南，并建立了毒性和暴露数据库（HazDat），其中包含若干组特殊混合物的协同毒性作用文件。基于单一污染物毒性的多种污染物复合风险可以采用危害指数法（Hazard Index (HI)），目标脏器毒性剂量修正的 HI 法（Target-organ Toxicity Dose Modification Of The HI Approach），证据权重修正的 HI 法（Weight-of Evidence (WOE) Modification Of The HI Method），毒性当量法（Toxicity Equivalency Method）及相对效力法（Relative Potency Method）等方法进行评价。

本章将重点介绍区域主要健康危害污染物的筛选方法、多种污染物的联合毒性、复合生理药代动力学模型及多种污染物的累积健康风险评价方法,最后介绍区域尺度的健康风险评价的实例研究。

第一节　确定主要健康危害污染物

主要健康危害污染物的确定,首先基于该地区化学品生产量及使用量调查、污染源排放监测、环境综合监测及严重污染地点监测数据,列出可能的健康危害污染物;之后根据毒性(Toxicity)、人类暴露可能性(Exposure Potential)、生物富集性(Bioaccumulation)和持久性(Persistence)等指标对列出的可能健康危害污染物进行赋分,并考虑不同指标的权重,得出综合分值。依据综合分值进行排序,确定该区域的主要健康危害污染物。

一、初筛列表

(1)基于生产量与使用量数据。化学品的使用是其进入环境的主要环节,另外,在其生产、运输及贮存过程中也可能因泄漏进入环境。生产量、使用量及贮存量的多少、化学品的理化性质与其进入环境的潜在可能性以及在环境中可能出现的浓度等有一定程度的相关关系。相关信息可以为环境监测和风险管理提供依据。

生产和使用量的数据比较容易获取,可由化学品登记部门、工商部门及统计部门取得。

(2)基于污染源排放量数据。污染源排放进入环境的污染物的数量、排放频率与方式等直接决定了其在环境中的浓度分布。污染源的排放数据可由污染源普查及排污监测申报获取,亦可由行业的经验数据,依据生产工艺由原材料使用量进行推算。

美国于1986年开始建立有害化学品排放清单(Toxics Release Inventory,TRI)数据库,涵盖全国20000以上设施向大气、地表水及土壤排放和处置的超过650种有毒化学品。日本于1999年通过立法正式实施的污染物排放和转移登记(Pollutant Release and Transfer Register,PRTR)制度,要求对具有潜在危害的354种物质报告其向大气、水和土壤环境介质的排放量及转移处理处置量。

我国已经完成第一次全国污染源普查工作,今后将每10年开展一次全国性普查,污染源的档案管理进入实质性阶段。同时我国还实行了排污申报、许可证、监测和收费制度,建立了国家重点监控企业名单。这些工作都为全面掌握污染物进入环境的浓度、总量和动态过程奠定了一定基础。

但是,当前对污染源的监测还停留在总量和少数几种污染物上,不能满足确定区域健康危害污染物的要求。例如,纳入第一次全国污染源普查工作的主要项目有废水的流量、pH、化学需氧量、氨氮、石油类、挥发酚、汞、镉、铅、砷、总铬(或六价铬)、氰化物、总磷；废气的流量烟尘、粉尘、二氧化硫、氮氧化物。如果能够在现有污染源排放污染物申报和监测的基础上增加管理的污染物种类，就可能成为确定主要区域健康危害污染物的重要依据与数据来源。

在污染源监测污染物种类有限的情况下，也可以由化学品生产量使用量的数据，推得排放污染物的种类数量。主要方法有物料衡算法、经验系数法等推算方法。物料衡算法的基本原理是物质不灭定律。物料流失量由在生产过程中投入的物料量减去产品中所含这种物料的量算得。经验系数法依据不同工业行业及生产工艺，可知排放污染物的种类，并由经验排放系数算得相关污染物排放量。需要注意的是各地区、各单位生产技术条件不同，排放系数则不同，需要选择有权威有代表性的排放系数，并根据实际情况加以修正。

(3) 基于环境综合监测数据。根据环境监测浓度的高低，剔除非重要人为排放物质后列入备选物质名单。

环境浓度监测目前已经形成从国家环境保护部所属中国环境监测总站到各省区市地方环境监测站的监测网，主要对大气、水体及土壤中的污染物浓度进行监测。监测项目包括必测项目、选测项目和特定项目。以河流水质监测为例，必测项目包括水温、溶解氧、生化需氧量、氨氮、汞、铅等11项；选测项目有化学需氧量、总磷、铜、锌等13项；特定项目有三氯甲烷、苯、甲基汞、DDT、林丹等80项。一般只对环境中必测污染物进行常规监测，考察其在各环境介质中的浓度是否超过相关的环境标准。选测项目和特定项目，根据情况和区域特性选择进行，例如污染事件发生后的追踪调查。除以上常规监测外，我国还有针对性地进行了全国土壤重金属背景值调查、持久性有机污染物(POPs)调查，重金属、POPs都是对人类健康影响比较大的化学污染物。卫生部建立的全国食品污染物和食源性疾病监测网络已经覆盖北京、福建、广东、河南、湖北、吉林、江苏、山东等15个省区市。从2006年起，对消费量较大的54种食品中常见的铅、镉、汞等重金属、农药残留等61种化学污染物进行了监测。以上监测数据可以为我们进行区域主要健康危害污染物筛选提供基本数据。

(4) 基于严重污染地点监测数据。严重污染地点对周边及区域环境的影响往往是长期的严重的，该地点监测到的化学污染物是区域健康危害污染物筛选的重要备选物质。

我国目前已经报道了很多受到严重污染的环境案例，针对这些地点，国家及地方环保部门开展了追踪调查，根据实际情况调查涉及上述选测项目和特定项目中的有毒有害化学物质。充分利用这些信息，可以开展区域主要健康危害污染物的筛选。

二、赋分排序

基于研究区域化学品生产量及使用量调查、污染源排放监测、环境综合监测及严重污染地点监测数据，分别按照生产量及使用量、污染源排放量、一般环境浓度及严重污染地点环境浓度由高到低的顺序排列化学污染物,列出可能的健康危害污染物(初筛)。

尽管大量的化学物质存在于环境中并经常在严重污染地点被发现,但事实上不是所有的化学物质都与公共健康相关。持久性和生物蓄积性反映了一种物质能否长期存在于环境中并且在生物体内蓄积的能力,揭示了人类长期暴露于某种化学物质并通过摄食含有该污染物的生物而产生健康危害的可能性。毒性反映了化学物质对人体可能产生的毒害作用。但是这些性质都是污染物固有的特性,只说明这些物质具备对人类产生健康危害的"能力"。从"能力"变为"事实"的关键要素是暴露的可能性。只有在人类能够直接接触并将污染物摄入体内的前提下,污染物才有可能对人类产生健康危害。因此,在确定区域健康危害污染物时,将暴露潜势、毒性、持久性和生物蓄积性作为评价指标,分别对初步筛选的健康危害污染物赋分,依据专家意见给出不同指标的权重,得出综合分值。最后,根据综合分值进行排序,确定该区域的主要健康危害污染物。筛选流程如图 4.1 所示。

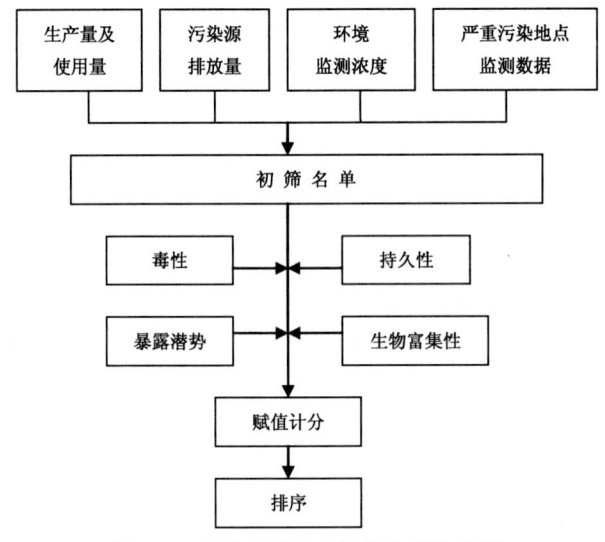

图 4.1 区域健康危害污染物筛选流程

针对暴露潜势、毒性、持久性和生物蓄积性 4 种评价指标,很多国家在制订优先控制污染物清单方面都有所研究,并制订了相应的评价及赋分体系。

(1)暴露潜势。美国环境保护署 USEPA 和有毒物质与疾病登记署(ATSDR)在确定国家优先名单(National Priority List,NPL)污染物排序时选择了人群的暴露潜势作为 3 个参数之一。暴露潜势包括污染物潜在摄入量(即污染源贡献项)和人群的暴露状况(暴露贡献项)。污染源贡献项由 NPL 地点空气、水及土壤中该物质检出浓度的平均值分别乘以各介质的理论摄入量,加和后除以毒性指标求得,并按照大小分级赋分;人群暴露状况是根据人群实际暴露或潜在暴露于该污染物(或含有该污染物的介质)的报告数量进行评价得分的。污染源贡献项与人群暴露项的得分之和即为人群的暴露潜势总得分。加拿大在提出和评估国内物质名单(Domestic Substances List,DSL)时,采用暴露评估值来定量化排放源与研究地区暴露人群之间的关系,包括途径分析和暴露定量两项内容。途经分析根据人为源排放污染物的排放特征、污染物的理化性质、关键迁移和转化过程,采用定性或定量模型,推定污染物会积累在哪些介质中,受影响的区域及面积,并用实测数据进行验证。暴露定量根据不同介质中污染物的浓度和介质的摄入或接触情况,分别计算通过呼吸、饮食和皮肤接触的暴露量。

(2)毒性。美国在确定 NPL 污染物排序时考虑了急性毒性、慢性毒性、致癌性、水生生物毒性、燃烧性及反应性,综合度量某一污染物的毒性,并分级赋分。欧盟在筛选水环境优先污染物时,人体效应的得分是根据污染物的 CMR 效应(致癌性、致突变性和生殖毒性)以及经口慢性毒性的毒性等级及分值计算得到。另外,还考虑了对水生生物影响的直接效应得分和间接效应得分。

(3)持久性和生物蓄积性。加拿大 DSL 物质分类及优先物质快速筛选方法中考虑的三个要素为持久性、生物累积性和毒性;英国的化学物质利益相关者论坛(UK Chemicals Stakeholder Forum,UKCSF)根据专家讨论确定化学物质选择和优化的标准,并根据欧盟相关文件 EU Technical Guidance Document 修订标准。在 CSF 的标准中,持久性、生物富集性和毒性(简称 PBT)被置于相当显著和重要的地位,几乎成为评价物质风险的完全指标。另外还有一些国家也在优先物质筛选时考虑了持久性及生物蓄积性。持久性主要由物质的半衰期确定,生物蓄积性主要决定于生物富集因子的大小,可由辛醇—水分配系数反映。

我国环境化学优先污染物筛选的评价指标有急性毒性、慢性毒性、三致毒性和生物降解。天津市水体中优先有机污染物的筛选在暴露势的参数得分中考虑了生物降解和生物累积,在毒性势的得分中考虑了致癌/致突变、慢性毒性、生殖毒性、急性毒性和皮肤效应。其他城市或地区在优先控制污染物筛选时,也对上述指标有所考虑。

确定研究区域主要健康危害污染物,并不完全等同于优先控制污染物筛选,更多地要评价对人的健康危害。但是可以参考优先控制污染物筛选的程序和指标,根据各地区实际可获取数据的情况,确定具体的实施方案。

第二节 多种污染物的联合毒性作用

化学物质暴露途径、暴露时间及暴露水平决定了所有人的组织和体液中均可找到多种化学物质。多种化学物质的存在会导致化学物质间的相互作用,产生联合毒性。一般来说,联合毒性作用可以分为加和(Additive)、大于加和(Greater than Additive)和小于加和(Less than Additive)。加和作用又分为剂量加和、效应加和。剂量加和(Dose Additivity)用于非致癌风险评价;效应加和(Response Additivity)用于致癌风险评价。

剂量加和通常要求所有组分都具有相同的作用机制,并且耐受性完全呈正相关,也就是说,易受化学物 A 影响的生物体也同样易受化学物 B 的影响。低剂量区域的量效关系可能符合线性回归,如果没有反面证据,就假定它为线性,此时,即使各组分作用机制不同(也就是相互独立),也可以使用剂量加和评价化学混合物的毒性。剂量加和是 HI 应用的最基本假设。

效应加和适用于当混合物的效应可以从各组分的效应来估计的情况。化学物质都是独立发生作用且具有不同的作用机制,对不同组分的耐受性不一定相关。生物体易受化学物质 A 的影响,可能也易受化学物质 B 的影响(完全正相关),或可能最不易受化学物质 B 的影响(完全负相关),或者对两种化学物质的敏感性可能是相互独立的。效应加和是致癌风险评估的基本假设。

当混合物中的化学物质发生作用时,混合物的效应可能不同于基于各组分剂量－效应关系的加和效应。相互作用机制的不同可能导致混合物的效应大于相加,表现为协同、增效作用或小于相加,表现为拮抗、抑制或掩盖作用,并改变化学混合物的整体毒性(毒性评价术语的含义见表 4.1)。主要的毒物相互作用机制一般有直接的化学－化学、药动学、药效学机制等。很多机理信息在不同程度上证实了化学物质的相互作用只在某些特定的暴露水平下才会发生。

表 4.1　联合毒性评价术语的定义(Mumtaz 等,2007)

术语	定义	模型	实例
独立 (Independent)	每个组分以独立的机制发生作用并且/或者分别作用于不同的脏器或系统。相互独立的物质发生毒性作用时不会互相影响或互相干扰。	$2+3=2+3$	石英粉尘和一氧化碳
加和 (Additive)	具有相似毒性的物质组合产生的效应等于每个物质单独发生作用产生的效应之和	$2+3=5$	甲苯与二甲苯
拮抗 (Antagonistic)	一个物质的毒性作用被另一个物质的暴露降低	$2+3\leqslant 5$	二巯基丙醇与铅
增效 (Potentiating)	一个物质本身对某一脏器没有毒性效应,但其存在使得另外一种物质的毒性增强	$0+3\geqslant 3$	乙醇与四氯化碳
协同 (Synergistic)	两个物质共同发生作用产生的毒性大于各自独立作用的毒性	$2+3\geqslant 5$	异丙醇和四氯化碳 (肝毒性增强)

到目前为止,有关化学物质相互作用的资料显示,支持化学混合物的联合毒性作用大于/小于加和作用的证据十分有限,表 4.2 所示为其中为数不多的几个化学混合物,包括以下内容。

(1) 六氯苯使 2,3,7,8-四氯代二苯并-p-二噁英（TCDD）造成的降低体重和胸腺重量的毒性增强。

(2) 多氯联二苯（PCB）拮抗 TCDD 免疫毒性和发育毒性。

(3) PCBs 和甲基汞有协同作用，扰乱脑内多巴胺调节，影响神经元的功能和发育。

其他化学混合物在同一靶点的协同毒性作用，仍然没有充足的数据支持。

表 4.2　ATSDR 相互作用文本中证实的几个相互作用的实例（Mumtaz 等，2004）

铅和锌的联合毒性作用	十分显著的机理数据和相当的毒理学数据显示，锌的存在会降低铅的神经毒性作用。而且，锌还能拮抗铅在血液的效应
铅和铜的联合毒性作用	十分显著的机理数据和弱显著性的毒理学数据显示，铜会拮抗铅的神经毒性作用。而十分显著的毒理学数据表明，铜会拮抗铅在血液的效应
铅和镉的联合毒性作用	十分显著的机理数据和强显著性的毒理学数据显示，镉会拮抗铅在肾脏的效应。但是镉会增强铅在睾丸的效应
TCDD 和 PCBs 的联合毒性作用	弱显著性的机理数据和十分显著的毒理学数据显示，PCBs 拮抗 TCDD 的免疫抑制效应。同样，弱显著性的机理数据和弱显著性的毒理学数据显示，PCDs 会拮抗 TCDD 对发育的影响
TCDD 和六氯苯（HCB）的联合毒性作用	弱显著性机理数据和强显著性毒理学数据显示，HCB 会增强 TCDD 引起的身体和胸腺的重量增加
TCDD 和 p,p'-DDE 的联合毒性作用	弱显著性机理数据和弱显著性毒理学数据显示，p,p'-DDE 不影响 TCDD 的抗雄激素作用。同样，弱显著性机理数据和弱显著性毒理学数据显示，PCBs 会拮抗 TCDD 对发育的影响

第三节　复合生理药代动力学模型

一、生理药代动力学模型的建立

生理药物代谢动力学模型（PBPK 模型）将药物或者毒物的复杂的吸收、分布、代谢、排泄过程简化为以生理学事实为基础的房室结构。模型中主要的结构是生物体组织/器官、体液或者系统，其中的参数是基于解剖学和生理结构得到的。从这一意义上来讲，PBPK 模型的结构已经不是基于特定的药物在体内的代谢过程，而是事先模拟建立的一种"机理模型"。因此，PBPK 模型在模拟不同物质的吸收、分布、代谢、排泄方面有着更广阔的应用空间。

在毒理学领域，PBPK 模型又叫做生理毒物代谢动力学模型（Physiologically Based Toxicokinetic Model，PBTK 模型）。当前文献中介绍的模型主要有两类：①整体 PBPK 模型。即将各个器官或者房室根据体循环串联成一个闭合的模型结构。整体模型包括了血液以及各个主要组织、器官，是从整体上来描述化学物质在体内的吸收、分布、代谢、排泄过程的模型。②部分 PBPK 模型，描述身体部分独立的器官/系统，如肠吸收模型、肝脏（代谢）模型。由于肠吸收是一个复杂的过程，在药理学领域，有些学者认为将其简单作为一个房室不能准确描述其中发生的复杂过程，因此将其单独建立模型。但是在毒理学领域，一般不考虑复杂的肠吸收过程，而是将其作为一个黑箱处理，用一个房室代表。

在建立整体 PBPK 模型时，需要依据哺乳动物一般的解剖学循环结构。其中最大的问题是选择哪些组织/器官、体液、系统作为模型的组成部分。在实际的建模过程中，主要包括以下几个部分：①核心组织/器官、体液，包括血液、肝脏（主要代谢器官）、肾脏（主要排泄器官）等，几乎每一个 PBPK 模型都会包括这些结构。②与化学物质有关的组织，比如，其他消除该物质的组织如肺和肠；染毒位置如皮肤（接触）、肺（吸入）、肠（口服）；潜在的可能发生反应的位置等。③对于毒物平衡、储存有影响的组织，如骨、脂肪、肌肉等。此外，为简化模型，还可以把一些组织分组，根据血液是否充分灌注，分为充分灌注组织和非充分灌注组织等；或者除了包含核心组织，把其他的分为快速平衡组织和慢速平衡组织。总之，要根据必要和简化的原则，并且根据具体的化学物质来选择模型的基本组成。

PBPK 模型的参数包括两类：①生理参数，与化学物质无关，基于生理结构和过程。其主要参数包括体重、组织体积、心输出量、组织灌注速率、分输出量、肺泡通气量。②生化参数，基于物质在体内的动力学特性，其主要参数包括吸收速率、一级/二级速率常数、米氏常数、最大代谢速率、组织扩散系数、转运体活性参数。这类参数由实验数据获得，包括体内实验与体外实验。通过体内实验，即给实验动物通过不同途径给药，可以得到药时曲线与相应的参数等。而通过体外实验，即对体外系统（如，新鲜离体干细胞、微粒体、细胞液）进行给药，得到的代谢常数经过调整也可以应用于动物整体的体内环境。而传统生理药代动力学模型参数仅可以通过体内实验获得。

在确定了模型结构和模型参数之后，对每个房室列物质守恒微分方程，即用流入该房室的动脉血中该物质的浓度和流出该房室的静脉血中的浓度差乘以该室的血流量，再加上该房室中该物质的生成项和消除项，等于该房室内该物质的瞬时变化量。因此，一个模型就简化为一个微分方程组，再利用计算软件求解。常用的计算软件有 ACSL、Berkeley Madonna、Matlab 等，其中 Matlab 在当前的 PBPK 模型文献中应用最多，且已有文献论述了它在 PBPK 模型中应用的优越性。模型建立之后，还需要根据目的对模型进行灵敏度分析以及检验模型结构是否需要简化等。最后要进行模型验证，也就是用与建模所用药物代谢动力学资料不同的另外一套数据来检验模型是否能够很好地预测同一物质在不同实验条件下的药代动力学过程。如果不能通过验证，则需要进一步调整模型的结构。具体流程见图 4.2,其中复合 PBPK 模型通过肝脏连接两个模型的代谢过程。

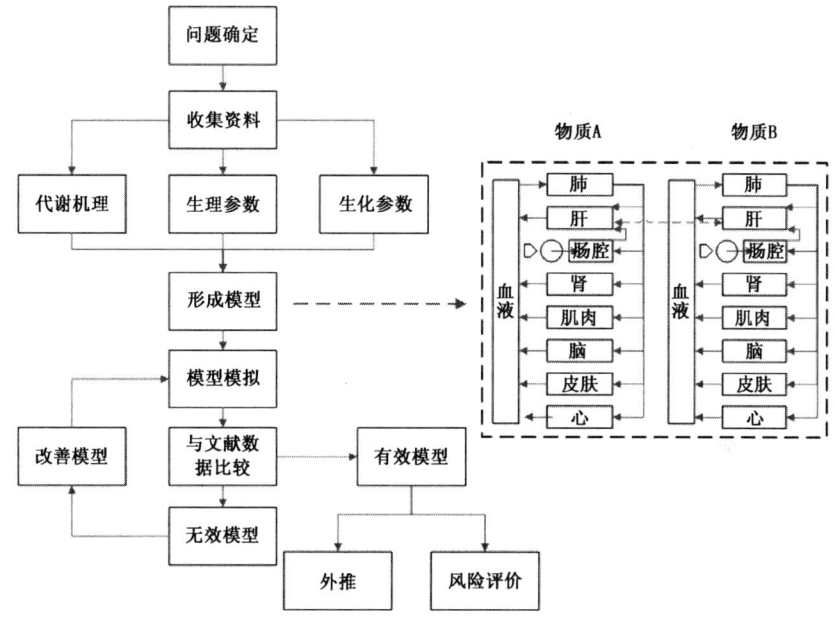

图 4.2　PBPK 的建立与复合 PBPK 模型

二、复合生理药代动力学模型

进入环境的物质大多数情况下不是以单一化学物质的形式存在,而是以多种物质共存的形式进入人体或者动物体。在体内药代动力学和药效学之间的相互作用可以产生低于几种物质单独作用的毒性(拮抗),也可以大于各物质单独作用的毒性(协同)。因此,要明确多种物质产生的复合毒性,需要对复合化学物质在体内的相互作用进行研究。当前已经有 PBPK 模型对此进行模拟计算,其中两种物质的相互作用是最为基础的形式。将两种物质各自的 PBPK 模型在发生相互作用的器官(多为肝脏)进行耦合,建立两套公式,一套描述各自发生的吸收、分布、代谢、排泄过程,另一套描述二者之间的相互作用,进而得到复合的 PBPK 模型(图 4.2)。三种或者更多物质的 PBPK 模型也是根据这个基本原理建立的。

El-Masri 等建立了复合 PBPK 模型,研究了毒死蜱和对硫磷在大鼠体内的毒理学相互作用,并且估计了联合作用的阈值。Alan F Sasso 等根据汞、砷、镉、铅对甲苯和苯代谢的影响,首先利用前人建立的重金属和苯、甲苯的 PBPK 模型,得到各个物质在肝脏中的浓度,再将独立的模型在肝脏中进行耦合,模拟预测同时存在不同物质情况下肝脏中苯的浓度。

但是,现有的复合污染的 PBPK 模型都是描述已知相互作用机理的有机物或者重金属和有机物的相互作用,还没有完全由重金属构成的复合 PBPK 模型。由于各个重金属在体内的代谢过程各不相同,半减期相差很大,时间范围从天(如砷)到月(如甲基汞)到数十年(如铅、镉),很难将其综合到一个模型中考虑。因此,重金属的复合 PBPK 模型成为相关研究中的一个难点。但是,有学者从组织层面上对两种药物在吸收过程中的相互作用进行了假设,提出不同的模型,并且根据实测数据筛选出最佳的描述吸收过程的模型。这为建立重金属的整体复合 PBPK 模型打下了基础。

第四节　多种污染物的累积健康风险

依据化学混合物的毒性数据可获取性的不同,评估方法相应的也有三种:①化学混合物整体毒性数据已知,被视为一种化学物质,采用单一化学物质的风险评价方法进行评估。②化学混合物毒性数据无法获得,但相似化学混合物的整体毒性数据已知。通常就以这些相似化学混合物的数据替代进行后续风险评价。但在使用这些数据前,我们必须定性及定量考虑这些相似化学混合物组成之间的差异。该方法只适用于个案研究。上述两种方法通常均将被测的化学混合物视为一种化学物质,因为在多数情况下,我们只能得到这种化学混合物整体的数据而无法获得混合物中每个组成成分的数据。以混合物为对象进行毒性试验和流行病学调查,须注意混合物组成的变化会导致其毒性性质的变化。③化学混合物整体的毒性数据无法获得,各组成成分的毒性数据已知。通常采用危害指数(Hazard Index,HI)这一指标对健康风险进行评价。

一、危害指数法(Hazard Index, HI)

危害指数法基于剂量加和的假设由混合物中各组成成分的毒性数据评价混合物的非致癌健康效应。HI 为混合物中各组成化学物质危害商值(Hazard Quotient,HQ)之和。

$$HI = HQ_1 + HQ_2 + \cdots + HQ_n \tag{4.1}$$

采用毒性等效因子(Toxic Equivalency Factors,TEF)的 HI 法被成功应用在多环芳烃、多氯联苯、二噁英等重要环境污染物的评估上。例如,PAHs 一般以混合物的形式存在,且其致癌作用机理相似,计算 PAHs 混合物的致癌风险时,为了确定各个 PAHs 的毒性强弱,通常采用各种 PAHs 相对于苯并[a]芘(BaP)的毒性等效因子(TEF)表达。设定 BaP 的 TEF 值为 1,其他 PAH15 的 TEF 值通过与等量的 BaP 比较毒性大小而得出。根据 TEF 值,可以求出各种典型 PAHs 基于 BaP 的毒性当量浓度,将 PAHs 混合物的浓度转化为苯并[a]芘等效浓度 TEQ_{BaP}。

$$TEQ_{BaP} = \sum (C_i \times TEF_i) \tag{4.2}$$

其中,C_i 为第 i 个 PAH 的质量浓度,ng/g;TEF_i 为第 i 个 PAH 基于 BaP 的毒性当

量,ng-TEQ/g。PAHs 相对于 BaP 的毒性等效因子如表 4.3 所示。

表 4.3 PAHs 相对于 BaP 的 TEF 值(ng-TEQ/g)

PAHs	TEFs
萘（NAP）	0.001
二氢苊（ACE）	0.001
苊（ACY）	0.001
芴（FLO）	0.001
菲（PHE）	0.001
蒽（ANT）	0.01
荧蒽（FLA）	0.001
芘（PYR）	0.001
苯并[a]蒽（BaA）	0.1
䓛（CHR）	0.01
苯并[b]荧蒽（BbF）	0.1
苯并[k]荧蒽（BkF）	0.1
苯并[a]芘（BaP）	1
二苯并[a,h]蒽（DahA）	5*
茚并[1,2,3-cd]芘（IcdP）	0.1
苯并[g,h,i]苝（BghiP）	0.01

注：* 低环境暴露水平。

HI 法适用于化学物质间毒性效应为可加和(Dose Additive)时；当化学物质间毒性作用为协同(Synergistic)或拮抗(Antagonistic)时，必须做修正。主要方法有靶器官毒性剂量法(Target-organ Toxicity Dose, TTD)和证据权重法(Weight-of-Evidence, WOE)。

二、靶器官毒性剂量法(Target-organ Toxicity Dose, TTD)

靶器官毒性剂量(TTD)法是对于 HI 法的一种修正和改进，可以评估组成成分不都具有相同的临界效应(Critical Effect)，但毒性作用的靶器官有重叠的混合物。该方法考虑到这样一个事实，即环境中多数有害化学混合物其很多组分在高于引起临界效应的暴露剂量下,也会影响其他的靶器官。这一点可能在评价混合物健康效应时非常重要。TTD 法是针对特定评价终点的健康风险评价法,源于美国毒物与疾病登记署最小风险水平(Minimal Risk Levels,MRLs)的方法。混合物中的各组分具有多个靶器官,因此有多个 TTD 值和一个临界效应的 MRL 值。采用 ATSDR 方法评价混合物的联合毒性,就要计算特定评价终点的 HQ 和 HI 值,当针对不同评价终点的 HI 值超过 1 时,就要关注混合物的潜在健康危害了。

假设有混合物由 A、B、C、D 四种物质组成,其毒性效应评价终点包含肝脏(Hepatic)、肾脏(Renal)、神经(Neuro)和发育(Dev)毒性。物质 A 的临界效应(Critical Effect)是肝脏毒性,但还具有肾脏毒性、神经毒性和发育毒性;物质 B 的临界效应也是肝脏毒性,其他评价终点包含神经和发育毒性;物质 C 的临界效应是肾脏毒性,另外具有发育毒性;物质 D 的临界效应是发育毒性,另外还具有肝脏和肾脏毒性。该混合物各毒性效应评价终点的 HI 值可由下面公式计算,并由此判定其毒性效应别(对应不同靶器官或系统的)非致癌健康风险。

$$HI_{Hepatic} = \frac{E_1}{MRL_1} + \frac{E_2}{MRL_2} + \frac{E_4}{TTD_{4Hepatic}} \tag{4.3}$$

$$HI_{Renal} = \frac{E_1}{TTD_{1Renal}} + \frac{E_3}{MRL_3} + \frac{E_4}{TTD_{4Renal}} \tag{4.4}$$

$$HI_{Neuro} = \frac{E_1}{TTD_{1Neuro}} + \frac{E_2}{TTD_{2Neuro}} + \frac{E_3}{TTD_{3Neuro}} \tag{4.5}$$

$$HI_{Dev} = \frac{E_1}{TTD_{1Dev}} + \frac{E_2}{TTD_{2Dev}} + \frac{E_3}{TTD_{3Dev}} + \frac{E_4}{MRL_4} \tag{4.6}$$

三、证据权重法(Weight-of-Evidence,WOE)

WOE 法是对 HI 方法的修正,通过使用混合物组分两两间相互作用的证据权重来反映组分间的相互作用,进而判断混合物的毒性比加和假设的联合毒性是大还是小。基于经验观测和机理数据的权重分析只是一个定性判断。这种方法可以描述一种化学物质的毒性是如何受到其他化学毒物出现的影响。权重分析需要考虑多个因素,其中包括数据质量、机理探究程度及毒性显著性。考虑的修正因子主要是化学物质的暴露途径和暴露时间,其对化学混合物的综合毒性显示起到至关重要的作用。

通过评估上述与化学混合物中成对组分的联合毒性作用有关的数据,以确定定性的二元证据权重(BINWOE)反映每一种化学品对所有其他化学品毒性的影响。对于每对化学物质存在两个 BINWOE,一个是物质 A 的存在对物质 B 的毒性产生影响;另一个是物质 B 影响 A 的毒性作用。表 4.4 说明了 WOE 法所需评价的数据类型及其针对不同数据质量等级的赋值。

表 4.4　化学物质相互作用评价的双组分证据权重（Wilbur 等，2004）

分类	赋值
相互作用的方向	
＝,加和	0
＞,大于加和	＋1
＜,小于加和	－1
未定	？
机理	
Ⅰ 直接明确的机理数据：相互作用发生的机理清楚，能够说明相互作用发生的方向性	1.10
Ⅱ 相关混合物的机理数据：对于所关注的化学物质的相互作用机理没有很好地刻画，但是可以由定量或定性的结构－活性相关推测可能的机理及相互作用的方向	0.71
Ⅲ 不充分的或不明确的机理数据：相互作用的机理没有很好地刻画或机理相关信息不能明确指示相互作用发生的方向	0.32
毒性的显著性	
A. 相互作用的毒性显著性被直接证明	1.0
B. 相互作用的毒性显著性可以推知或有关化学物质相互作用的毒性显著性可以被证明	0.79
C. 相互作用的毒性显著性不清楚	0.32
修正因子	
1. 预期的暴露期间和顺序	1.0
2. 不同的暴露期间或顺序	0.79
a. 体内试验	1.0
b. 体外实验	0.79
i. 预期的暴露途径	1.0
ii. 不同的暴露途径	0.79

注：权重因子 ＝ 权重分值的乘积(0.05～1)，BINWOE ＝ 方向因子 × 权重因子(＋1～－1)。

(1) BINWOE 元素 1：相互作用的方向

作为表格中第一个 BINWOE 元素，确定了相互作用的方向。"＝"、"＞"、"＜"和"？"分别表示"加和"、"大于加和"（协同、增效）、"小于加和"（拮抗、抑制或掩盖）和不能确定（信息不明、有矛盾或无数据），分别赋值"0"、"＋1"、"－1"和"0"。

(2) BINWOE 元素 2：机理的了解程度

有关化学物质相互作用的机理信息可以提示一个化学成分影响到另外一个化学成分的药理学和药效学作用的可能性,及这些影响与毒理学效应的相关程度。依据目前已知的毒理学研究成果对各种物质相互作用机理的探明程度,划分为已经发现直接明确的机理,可以推测可能的机理,以及机理不充分或不明确三个等级,相应赋值进行计算。

(3) BINWOE 元素 3：毒性显著性

该项指标用于判明各种不同物质相互作用时所产生的不同毒性增减是否明确已知。最高级别 A 是指已经直接观察到相互作用的模式(相互作用或加和),该模式与毒理学上显著(整体动物)的评价终点相关,分值为 1;第二级别 B 用在毒性显著性是推得的,或毒性显著性是由结构相关的物质证实的,分值为 0.79;第三级别 C 用于毒性显著性无法证实的情况,赋值 0.32。

(4) BINWOE 元素 4：修正系数

当支持方向性(＝,＜或＞)评价的数据其暴露期间、暴露顺序及暴露途径与所关注的人类暴露场景不同(或基于体外实验)时,就要使用修正因子反映较低的可信度。这些数据的局限性在机理了解及毒性显著性判别时也有所考虑,但是,如果判别机理了解程度及毒性显著性时并没有完全传达对暴露场景差异的关注,就需要通过降低与这些因子相关的分值来修正评价整体的可信度。

(5) BINWOE 得分

考察所关注的化学混合物中每对化学物质的现有毒性数据及相关信息,按照表 4.4 所示给各项指标进行判定打分,最后各项分值相乘就是 BINWOE 的最终得分。例如,如果化学物质 A 表现为对化学物质 B 的协同毒性作用、协同作用机理可推知、相互作用的毒性显著性可推知、暴露期间和顺序符合人类暴露场景、具有体内实验数据、暴露途径不同于所关注的暴露场景,则 A 的存在对 B 毒性产生影响的 BINWOE 可表达为"＞ⅡB1aii",最终得分＝+1×0.71×0.71×1.0×1.0×0.79＝+0.40。

当化学混合物中每对组分的 BINWOE 都确定后,就可以构建一个矩阵,当矩阵中的多数相互作用都表现为"小于加和"时,就表明实际的健康危害要比 HI 法确定的要低;当多数相互作用都表现为"大于加和"时,各 BINWOE 得分可以提示超出 HI 值的程度,相应地需要做出进一步的科学判断,对公众健康给予足够的关注并采取相应的行动降低风险。

第五节 研究实例

一、江苏省某工业区周边地区居民的潜在健康风险研究

采矿、工业生产、农药、化肥和汽车尾气是环境中重金属污染的主要来源。这些重

金属积累到一定的毒性浓度水平就会损害人们的生活质量。对人类健康产生威胁的重金属主要有铅、镉和汞。镉暴露对健康可能造成的不良影响,包括肾脏损害、骨头损伤甚至引起骨折。甲基汞具有高度的神经毒性,在整个生命期间其毒性都会影响多个器官系统。长期暴露于铅会导致记忆力衰退、反应时间延长和理解能力下降。儿童可能会出现行为障碍及学习和注意力集中困难。另外,超过可接受参考剂量的铬、铜和锌的暴露会对人体健康造成非致癌危害。

对大多数人来说,膳食摄入是重金属暴露的最主要途径,尽管在污染非常严重的地方呼吸摄入也是一个重要途径。因此,食物中的重金属浓度和人们的膳食摄入量信息对人类健康风险评价是很重要的。很多研究已经关注危险场地(如矿山和冶炼工厂)附近居民的潜在健康风险评价,因为他们通过食用农作物而接触到环境中的重金属。一些研究者也评估了由于食用污水灌溉土壤中生长的粮食作物造成的重金属暴露风险。到目前为止,很少有研究来评估居住在工厂密集区域附近且本地种植作物被各种工业源混合污染的居民的潜在健康风险。

本案例研究的目的是调查工业园区附近的大米和菜园蔬菜中 Pb、Cd、Hg、Cr、Zn 和 Cu 的浓度,并评估当地居民因食用这些农作物引起的潜在健康风险。通过膳食消费的问卷调查得到特定区域暴露参数,分别采用危害商数(HQ)和危害指数(HI)法评估由单一金属以及 6 种金属共同导致的非致癌综合健康风险。

1. 材料和方法

(1)研究区

研究城镇×位于江苏南部地区(图 4.3),面积只有 104 km^2,人口 75000 人,就有超过 500 家乡镇企业,主要从事电镀、化工、印染、颜料制作和金属加工。重金属是最主要的引起关注的污染物。此外,由于工厂密集分布,当地流域水流缓慢,更是加剧了污染。

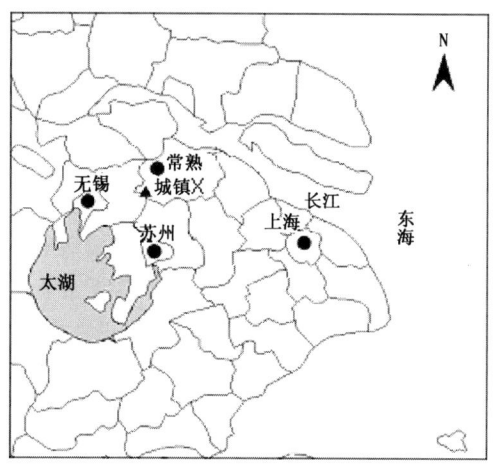

图 4.3 研究区位置

该地区的主要农作物是水稻。然而,作为新鲜农产品的一种来源,许多家庭在自家院子或在附近的土地种植蔬菜。尽管饮用和烹调使用自来水,灌溉用水使用的却是可能已经受到重金属污染的井水或附近的河水。此外,空气中的金属会沉降于蔬菜叶上,并通过食物链进入人体。

(2)采样和实验室分析

在 2008 年 5 月和 9 月,我们对大米、菜园蔬菜以及种植土壤进行了两次采样。采样点随机分布。共计 107 个蔬菜样本都采自当地居民庭院或附近农田。我们选取了 14 种具有代表性、当地居民种植供自己食用的蔬菜进行研究。在每个采样点,对应采集蔬菜及其根际土壤(0～20 cm 深)装进聚乙烯袋中。将每个采样点随机采集的 5 个样本混匀,成为一个复合样本。23 个大米样品购自当地家庭,其对应的种植水稻土壤样本采自收割水稻的农田。

我们将土壤样品风干、研磨并过 100 目(0.15 mm)筛。重 0.2 g 的干燥土壤样品,加入 6 mL HNO_3 放在聚四氟乙烯管中过夜。随后,加入 2 mL HF,将样品放入微波消解仪 MARS5(CEM,USA)中,在功率控制程序下消解。所得溶液转移到 PET 瓶,加入超纯水至 50 mL。

蔬菜样品用自来水清洗,以消除空气中的污染物和土壤颗粒,然后用棉纸擦干。蔬菜的食用部分用陶瓷刀切下称重,然后在 60℃ 的烘箱里干燥 72 小时直到恒重。再将样品称重测定其含水量并用研磨机研碎。大米样品也同样用研磨机研碎。

重 0.3 g 的经过干燥和研磨的蔬菜样品或研磨后的大米样品,加入 5 mL HNO_3 放在聚四氟乙烯管中过夜。随后,加入 2 mL H_2O_2,将样品放入微波消解仪 MARS5(CEM,USA)中,在功率控制程序下消解。所得溶液转移到 PET 瓶,加入超纯水至 25 mL。

Pb、Cd、Hg、Cr、Zn 和 Cu 的含量由电感耦合等离子质谱仪(ICP-MS)测定(Agilent 7500a,USA)。Pb、Cd、Hg、Cr、Zn 和 Cu 的检出限(LOD)分别为 0.22、0.011、0.14、1.22、0.44 和 0.32 $\mu g/kg$ dw(干重)。在每个样品批次测量中都包括空白试剂、土壤标准物质(GBW07419)和植物标准物质(GBW10014)(来自中国国家标准研究中心),以验证消解过程和后续分析的准确性和精度。

(3)食物膳食消费的问卷调查

2008 年 5 月在研究城镇×实施了一次食物消费问卷调查。我们挨家挨户调查了城镇及附近村庄的 300 人。总共有 244 份完成的问卷调查表被认为是有效的。记录的信息主要包括食品消费的频率和数量,食品的产地以及家族成员的年龄、性别和人数。食品调查包括主要的食物种类,例如谷物、土豆、肉、鱼、蟹、牛奶、蔬菜和水果。

(4)多种金属的健康风险评价

① 点推定

在研究的重金属中,Cd 是一种致癌物,但我们仍缺乏足够的数据来对其致癌风险进行定量评估。当地居民由于食用菜园蔬菜和大米所致非致癌健康风险可采用 HQ 法进行评估。HQ 值可由重金属的平均每日摄入量(ADD)除以相应的参考剂量(RfD)算得。HQ 小于1意味着暴露人群不会感受到明显的危害效应。

$$HQ = ADD/RfD \quad (4.7)$$

$$ADD = \frac{C \times IR}{BW} \quad (4.8)$$

其中 C 是大米和菜园蔬菜中重金属的平均浓度(mg/kg,大米和蔬菜分别采用干重和湿重);IR 是大米或菜园蔬菜的摄入率(g/人/日);BW 是平均体重(kg),成人为55.9 kg。

HI 被用来估计剂量相加假设下多种金属的非致癌综合健康风险。

$$HI = HQ_1 + HQ_2 + \cdots + HQ_n \quad (4.9)$$

虽然剂量相加假设通常要求各元素作用机制相同,HI 法还是被广泛地作为一种筛选工具,用于关键靶点相同的元素,而忽略其作用机制。甚至用于靶器官不同的元素。HI 方法不考虑混合物元素之间的相互作用,所以如果相互作用大于或小于加和作用的话可能低估或高估了健康危害。

② 概率推定

我们采用概率推定来评估当地居民食用大米和蔬菜所致重金属暴露的概率分布,这种概率分布反映了大米和同种蔬菜中重金属浓度的差异及大米和蔬菜每日摄入量的个体差异。蒙特卡罗技术被用于概率推定。

基于大米和蔬菜中重金属浓度的测定值和食物日摄入量调查数据,我们对暴露因子赋予概率分布(概率密度函数,PDF),以表达暴露因子的个体差异。对数正态分布通常用来表达污染物浓度,因此在我们的概率推定中,采用对数正态分布表达大米和同种蔬菜的重金属浓度差异。直方图则被用来表达大米和蔬菜每日摄入量的个体差异。

使用 Crystal Ball 软件(Decisioneering 公司,USA)进行蒙特卡罗模拟,运行10000次以获得一个稳定的暴露分布。作为非致癌风险概率评价的指标,计算了重金属每日摄入量超过对应 RfD 的居民的比例。

(5) 统计分析

利用 Microsoft Office Excel 2003 软件计算了平均值及标准差(SD)。借助 SPSS13.0 统计软件进行了统计分析。Kruskal-Wallis 检验用来判定大米、叶类蔬菜和茄果类蔬菜多组作物之间是否存在转移系数(TF)的显著差异。当在多组间观测到显著差异($p<0.01$)时,随即使用 Mann-Whitney 检验进行成对比较。本研究案例中,$p<0.01$ 被认为是组间存在显著性差异的判断标准。

2. 结果与讨论

(1)土壤和大米/蔬菜样品中的重金属含量

① 大米和菜园蔬菜中的重金属

在 2008 年 5 月和 9 月两次得到的大米和蔬菜样品中,测得的重金属的平均浓度和范围,见表 4.5。大米的 23 个样品中,除了有 6 个样品的 Cr 浓度超过了最大允许浓度,大米样品中六种金属的浓度都低于我国食品中各重金属的最大允许浓度(MAC)(GB 2762—2005, GB 15199—1994 和 GB 13106—1991)。菜园蔬菜中 Cr 的平均浓度超过了食品中 Cr 的最大允许浓度(GB 2762—2005)。特别是在绿叶蔬菜中,铬含量是食品中 Cr 的最大允许浓度的 2.18 倍。蔬菜可食用部分的其他重金属的平均浓度,都小于食品中相应的最大允许浓度。只有 2% 的茄果类蔬菜样品超过了食品中 Pb 的最大允许浓度。Cr、Cd 和 Pb 在绿叶蔬菜内的平均浓度,分别为茄科蔬菜中的 3.89 倍、4.5 倍和 5.94 倍。这表明重金属的环境来源可能因蔬菜而异。

表 4.5 大米和菜园蔬菜的重金属含量(mg/kg,大米干重,蔬菜湿重)

	铬	铜	锌	镉	汞	铅
大米	0.75 (ND^c~2.83)^d	2.64 (1.36~3.61)	12.00 (9.43~15.78)	0.014 (0.005~0.032)	0.0057 (0.001~0.013)	0.054 (0.0076~0.12)
大米 MAC	1	10	50	0.2	0.02	0.2
蔬菜	0.67 (0.023~4.44)	1.18 (0.17~4.18)	4.34 (0.65~15.19)	0.011 (0.0006~0.099)	0.002 (0.00002~0.007)	0.058 (0.0006~0.293)
叶类蔬菜	1.09 (0.06~4.08)	0.72 (0.19~2.35)	2.95 (1.27~5.44)	0.018 (0.0008~0.099)	0.0019 (0.0003~0.0068)	0.101 (0.015~0.293)
白菜	1.38 (0.063~4.08)^a	0.46 (0.27~1.39)	2.81 (1.78~5.38)	0.018 (0.007~0.037)	0.001 (0.0003~0.003)	0.12 (0.035~0.29)
青菜	1.52 (0.50~2.57)	0.48 (0.34~0.62)	3.86 (2.72~5.44)	0.018 (0.012~0.025)	0.002 (0.0012~0.0049)	0.11 (0.047~0.16)
韭菜	0.63 (0.089~3.19)	0.72 (0.50~0.99)	3.08 (1.27~5.34)	0.019 (0.003~0.091)	0.0029 (0.0005~0.0068)	0.084 (0.019~0.23)
空心菜	1.19 (0.58~3.12)	1.43 (0.87~2.35)	2.66 (2.01~3.44)	0.015 (0.004~0.042)	0.0018 (0.0014~0.0024)	0.12 (0.079~0.184)
莴苣	0.82 (0.061~3.46)	0.55 (0.19~1.31)	2.35 (1.62~2.73)	0.026 (0.0008~0.099)	0.0015 (0.0007~0.0023)	0.064 (0.015~0.192)
茄科蔬菜	0.28 (0.023~4.44)	1.69 (0.30~4.18)	5.83 (0.65~15.19)	0.004 (0.0006~0.015)	0.002 (0.00002~0.007)	0.017 (0.0006~0.202)
辣椒	0.13 (0.095~0.23)	0.66 (0.32~0.89)	1.15 (0.92~1.44)	0.0046 (0.003~0.008)	0.0006 (0.0002~0.0021)	0.011 (0.006~0.015)
茄子	0.17 (0.085~0.401)	0.78 (0.59~0.99)	1.42 (1.01~2.91)	0.0088 (0.003~0.014)	0.0003 (0.0001~0.0007)	0.011 (0.007~0.017)

续表

	铬	铜	锌	镉	汞	铅
丝瓜	0.1 (0.024~0.165)	0.43 (0.30~0.57)	1.13 (0.65~1.90)	0.0017 (0.0008~0.0061)	0.00025 (0.00002~0.00046)	0.0048 (0.0016~0.0079)
豇豆	0.2 (0.083~0.25)	0.82 (0.57~1.31)	3 (1.97~4.20)	0.0019 (0.0006~0.0055)	0.0007 (0.0004~0.0009)	0.016 (0.006~0.049)
蔬菜 MAC[b]	0.5	10	20	0.05/0.2[e]	0.01	0.1/0.3

注：a. 精米；b. MAC(Hg,Pb,Cd:GB 2762—2005),(Cu:GB 15199—1994),(Zn:GB 13106—1991)；c. 未检出；d. 算术平均值(最小值~最大值)；e. 非叶菜/叶菜。

附近城市常熟市工业区附近的大米样品中，Cr、Cu、Zn、Cd、Hg 和 Pb 的浓度分别为 0.292、3.84、19.1、0.019、0.0145 和 0.171 mg/kg。×市大米样品中，Cr 的含量高于常熟市，尽管其他金属元素的浓度比常熟市要低。×市的大米内过多的 Cr 含量，可能与多个电镀工厂排放有关。

② 种植土壤中的重金属

大米和菜园蔬菜的种植土壤中重金属的平均浓度和范围列于表 4.6。大米和蔬菜的种植土壤中，Cr、Cd 和 Pb 的平均浓度都高于江苏省的背景值（EMSC,1993），并且 Cr、Zn 和 Hg 的平均浓度高于全国背景值（GB 15618—1995）。然而，所研究的六种重金属的平均浓度都比绿色食品产地土壤污染物最大允许浓度（NY/T 391—2000）要低。但是，一些大米的种植土壤样本中 Cr 和 Hg 超过了绿色食品产地土壤污染物最大允许浓度。在蔬菜种植土壤样品中，部分样品的 Cr、Cu、Cd、Hg 和 Pb 含量超出了绿色食品产地土壤污染物最大允许浓度，超标样本比例分别为 12%、6%、4%、14% 和 4%。考虑到江苏南部蔬菜种植土壤的酸化情况，采用了 pH<6.5 土壤的较为严格的最大允许浓度。

表 4.6 大米和蔬菜种植土壤中重金属含量（mg/kg 干重）

	铬	铜	锌	镉	汞	铅
大米土壤	97.4 (58.2~130.3)[a]	31.8 (23.2~40.5)	102.7 (70.9~147.8)	0.169 (0.106~0.198)	0.235 (0.144~0.399)	29.6 (20.8~37.5)
蔬菜土壤	99.5 (57.2~149.9)	35.9 (16.6~219.5)	108.2 (47.0~214.7)	0.156 (0.045~0.856)	0.26 (0.05~3.71)	32.8 (18.7~152.7)
江苏土壤背景值	77.8			0.13	0.29	26.2
国家土壤背景值	90	35	100	0.2	0.15	35

续表

	铬	铜	锌	镉	汞	铅
绿色食品产地 MAC	120	50		0.30	0.25	50

注:a.算术平均值(最小值~最大值);b.EMSC,1993;c.GB 15618-1995;d.NY/T 391-2000。

Hang 等研究了常熟市土壤中的重金属浓度,Cr、Cu、Zn、Cd、Hg 和 Pb 的浓度分别是 53.4、30.5、90.1、0.168、0.555 和 44.5 mg/kg。和常熟市相比,城镇×土壤中 Cr、Cu 和 Zn 的浓度比较高,Cd 几乎是一样的,Pb 和 Hg 均较低。这表明城镇×比常熟市 Cr、Cu 和 Zn 的污染可能更为严重。污染物可能源自×城镇的多个电镀工厂。较低的铅浓度可以解释为×城镇的交通没有常熟市发达。

③ 重金属由土壤到大米和蔬菜的转移

转移系数(TF),计算为蔬菜中的金属浓度(湿重,大米除外)与土壤中的金属浓度(干重)的比值。TF 是评价重金属从土壤到植物的转移潜力的指标。图 4.4 显示了 Cr、Cd、Hg、Pb、Cu 和 Zn 从土壤到大米和蔬菜的可食用部分的 TF 值(误差线为标准差)。重金属从土壤到大米的 TF 值的大小顺序依次为:Zn>Cu≥Cd>Hg>Cr>Pb。大米内 Zn、Cu、Cd、Hg、Cr 和 Pb 的 TF 值分别为 0.11、0.081、0.080、0.027、0.0084 和 0.0017。土壤中的锌、铜、镉比汞、铬,尤其比铅更容易转移到大米内。重金属从土壤到蔬菜(所有种类)的 TF 值的大小顺序依次为:Cd>Zn≥Cu>Hg≥Cr>Pb。蔬菜中 Cd、Zn、Cu、Hg、Cr 和 Pb 的 TF 值分别为 0.079、0.045、0.040、0.011、0.0069 和

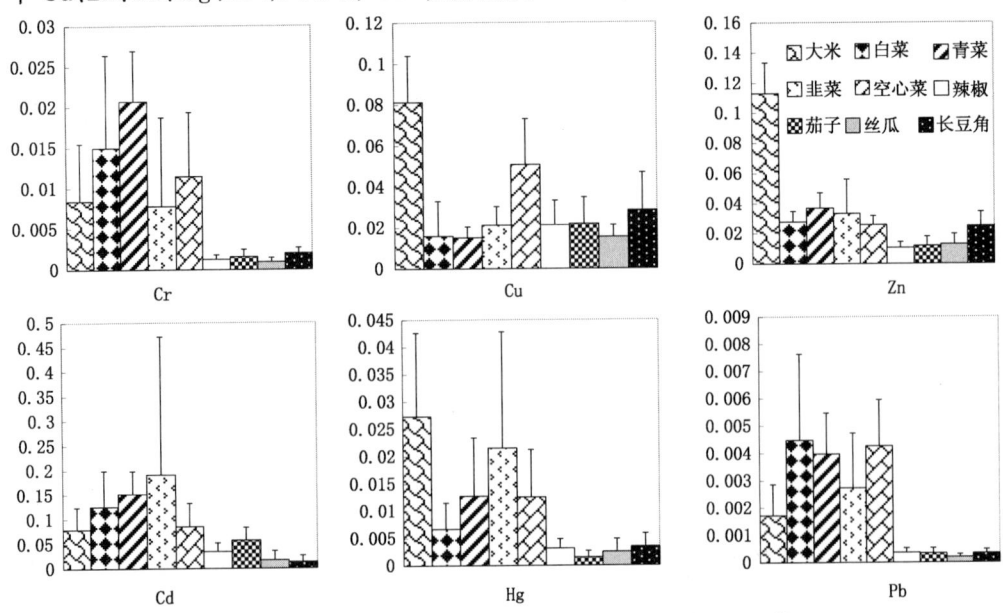

图 4.4 重金属从土壤到大米和蔬菜可食用部分的 TF 值

0.0020。Cd 在蔬菜中具有最高的 TF 值。蔬菜中重金属的 TF 值顺序和先前的研究是一致的。但是各种金属的 TF 顺序会根据蔬菜种类不同而有所改变。

Kruskal-Wallis 检验确定,所有六种金属的 TF 值在大米、叶菜类蔬菜和茄科蔬菜样品中,存在显著差异($p<0.001$)。Mann-Whitney 检验显示,叶菜类蔬菜和茄科蔬菜间,除 Cu 外($p=0.78$),Cr、Cd、Hg、Pb 和 Zn 差异显著($p<0.001$)。叶菜类蔬菜中 Cr、Cd、Hg、Pb 的 TF 值比茄科蔬菜高得多。Zheng 等的调查显示,蔬菜叶子中的 Hg、Pb 和 Cd 的含量比根部高。Ding and Pan 的研究称,蔬菜菜叶中 50% 的 Pb 含量是来自大气。其他的研究工作已经证实,植物通过根系从土壤中吸收的汞非常有限,主要来源于对大气中汞的吸收。这些研究表明大气中的 Hg 和 Pb 是植物吸收的主要来源。Cr 和 Cd 可能有和 Hg、Pb 相似的环境来源,要阐明这一点需要进一步的研究。

(2) 食品的膳食消费率

膳食消费习惯的问卷调查结果见表 4.7。在研究区,米饭是主要的主食,蔬菜是具有第二大消费率的食品类。此外,大米和蔬菜有超过 60% 的自种率。因此,考查当地环境中重金属对一般居民造成的健康风险时,只考虑大米和菜园蔬菜这一暴露途径。大米和蔬菜的消费率分别是 423.5 和 234.6 g/人/日。在蔬菜中,主要蔬菜品种——白菜,青菜,韭菜,空心菜,辣椒,茄子和丝瓜——的每日摄入量分别是 7.4、62.0、9.6、9.4、4.9、7.2 和 11.3 g/人/日。

表 4.7 大米和菜园蔬菜每日摄入量

食物种类	总量（g/人/日）		来源	
	平均值	标准偏差	自己种植	市场购买
大米	423.5	203.0	69%	31%
蔬菜	234.6	226.6	61%	39%
大白菜	7.4	15.5	36%	64%
圆白菜	62.0	70.9	77%	23%
韭菜	9.6	15.1	67%	33%
空心菜	9.4	22.4	69%	31%
其他食叶蔬菜	36.2	47.8	55%	45%
辣椒	4.9	9.6	41%	59%
茄子	7.2	12.3	69%	31%
丝瓜	11.3	20.1	71%	29%
其他茄科蔬菜	52.1	57.9	41%	59%
其他蔬菜	34.4	41.9	69%	31%

（3）多金属的健康风险评价

① 点估计

Cd、Zn、Cu 和 Cr 经口摄入途径的参考剂量（RfD）分别为 1、300、40、1500 μg/kg/日。由世界卫生组织（WHO）设立的临时可忍受每周摄入量（PTWI）为：总 Hg 300，Pb 25 μg/kg/日。由于五价 Cr 在胃中的酸性条件下被还原为三价，在鱼类和蔬菜中存在的五价 Cr 可以作为三价 Cr 来考虑。在本研究实例中三价 Cr 的经口摄入 RfD 可代表总 Cr 的 RfD。

大米和菜园蔬菜膳食摄入途径的 Cr、Cu、Zn、Cd、Hg 和 Pb 的每日摄入量分别为 5.66、16.90、74.21、0.10、0.04 和 0.43 μg/kg/日。因此，Cr、Cu、Zn、Cd、Hg 和 Pb 的 HQ 值分别为 0.004、0.423、0.247、0.102、0.049 和 0.124（图 4.5a）。每种金属的 HQ 值都小于 1，表明通过自种大米和蔬菜消费摄入的单一金属，不构成显著的潜在健康危害。Cu 的 HQ 值最大，其次是 Zn，第三、第四分别是 Pb、Cd，然后是 Hg，Cr 的 HQ 值非常小，虽然在一些土壤和蔬菜样品中 Cr 浓度超过我国食品中相应的最大允许浓度限值。

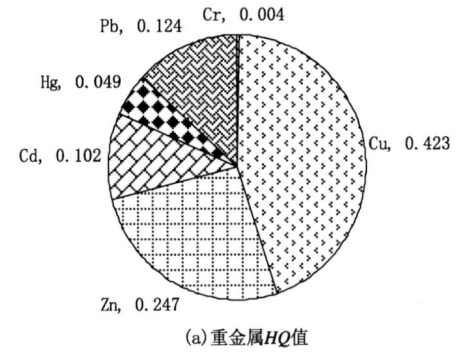

(a) 重金属 HQ 值

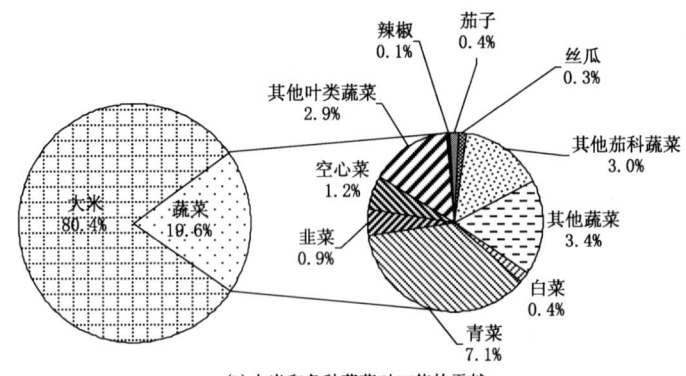

(b) 大米和各种蔬菜对 HI 值的贡献

图 4.5 通过食用大米和菜园蔬菜摄入重金属的 HQ 和 HI 值

通过自种大米和蔬菜消费摄入的 6 种金属的 HI 值为 0.95（接近 1）。自种大米和蔬菜膳食摄入所致重金属暴露的潜在健康风险应该引起关注。大米对 HI 值的贡献最大,接近80%(图4.5b)。在自种蔬菜中,叶菜类蔬菜对 HI 的贡献率比茄果类蔬菜高。青菜在所有菜园蔬菜中对 HI 的贡献最大,同时也是全年都被当地居民食用的蔬菜。

② 概率估计

表4.8给出了暴露分布的算术平均值、标准差、50%分位值和95%分位值。六种金属的95%分位的每日摄入量均低于对应的 RfD。Cr、Cu、Zn、Cd、Hg 和 Pb 暴露量超过对应 RfD 的居民比例分别为 0.00%、4.18%、0.36%、0.03%、0.00% 和 0.00%。因此,从人群非致癌风险概率估计的结果,我们可以得出结论,Cr、Hg 和 Pb 的风险水平不显著,但是,Cu、Zn 和 Cd 的潜在健康风险应引起关注。这一结果与 Hang 等的研究有所不同,该研究计算了附近城市常熟的居民食用本地产大米摄入的重金属,其中 Cu、Pb 和 Cd 的估计每日摄入量超出对应的 RfD 的比例分别 3.9%、1.9%、0.6%。这与×镇 Zn 污染较常熟市的严重,而 Pb 污染轻的事实相符。

表4.8 食用大米和蔬菜所致六种重金属的暴露量及风险的概率评估

	暴露量(μg/kg/日)				RfD (μg/kg/日)	超出百分数
	平均值	标准偏差	中位数	95%分位数		
铬	6.18	6.79	4.31	17.74	1500	0.00
铜	16.08	13.09	15.79	38.33	40	4.18
锌	72.44	57.66	72.39	169.19	300	0.36
镉	0.11	0.09	0.09	0.27	1	0.03
汞	0.03	0.03	0.03	0.10	0.7	0.00
铅	0.48	0.40	0.40	1.22	3.5	0.00

3. 结论

种植土壤浓度超出对应 MAC 的比例按降序排列为 Hg>Cr>Cu>Pb=Cd。绿色食品产地标准中尚没有 Zn 的 MAC。大米和菜园蔬菜的种植土壤中的铬、镉和铅的平均浓度都高于江苏省土壤背景值。种植土壤中铬、锌和汞的平均浓度高于的全国土壤背景值(pH<6.5)。锌、铜、铬和铅的人为来源之一,被认为是电镀企业的生产过程。这是因为镇×有锌、铜,铬和铅等多家电镀企业,并且该镇的农作物和种植土壤中含有较高的锌、铜、铬和铅等金属。

大米和蔬菜是摄入率和自种率最高的两类食品。因此,食用自种的大米和蔬菜被认为是环境中的重金属对当地居民健康产生有害影响的主要途径。虽然单个金属的 HQ 均低于1,但当综合考虑通过自种大米和菜园蔬菜同时摄入多种重金属时,所研究的六种重金属的 HI 值接近于1。暴露于自种的大米和菜园蔬菜引起的潜在健康风险应该引起关注。铜、锌、铅是具有较高健康风险排名前三的重金属。在研究区,由大米摄入引起的重金属的健康风险比菜园蔬菜摄入的高。为了当地居民的健康,应该控制铜、锌电镀企业的铜、锌、铅等金属的排放量,并提供食品消费建议。应该指出的是,在这项研究中获得的结果和结论,是基于所研究的六种金属之间存在加和效应的假设,这需要进一步的研究来验证。

二、考虑重金属间联合毒性效应的居民累积健康风险评价

自然因素和人为活动的双重影响导致重金属在环境中的广泛存在,尽管由自然原因导致的重金属含量在相对较低的水平,但由于各种人类活动如采矿、工业活动、污水灌溉、污泥利用、杀虫剂及化肥的使用、固体废弃物和汽车尾气的排放等使重金属在环境中富集。已有研究报道在矿山及熔炉附近的土壤中发现较高浓度的铜、锌、铅、镉、砷,如 Khan 发现经污水灌溉的土壤中含有较高浓度的铬、镍、铜、铅和极高浓度的镉。从这些研究中,我们得知多种重金属会在环境中同时累积并对人类造成累积健康风险。

有关环境中重金属的非致癌风险评价的现有研究多采用传统的危害商值(HQ)或危害指数法(HI)。尽管剂量的加和性通常要求各元素作用机制相同,危害指数法还是被广泛地作为一种筛选工具,用于关键靶点相同的元素,而忽略其作用机制,甚至用于靶器官不同的元素。而且,传统的危害指数法也未将不同元素的交互作用考虑在内,而事实上对两种及其以上的化学品的同时暴露会产生交互效应。因此,如果该交互效应大于加和的结果,传统的危害指数法就会低估健康风险,而反之若该交互效应小于加和的结果,健康风险就会被高估。美国 ATSDR 已发行了化学品混合物毒性效应的评价导则,但该导则至今并未得以广泛应用。

本案例采用靶器官毒性效应(TTD)法和权重分析(WOE)法,作为对传统危害指数法的修正,从而将特定靶器官的效应和多种金属的交互毒性效应考虑在内。主要目标是通过使用 TTD 和 WOE 法对同时存在于农田土壤中浓度较高的多种重金属交互产生的综合健康风险做出更为精确的评价。作为一个案例研究,这两种方法被用于评价中国江苏省南部一个有着发达乡镇企业的地区中多种重金属的复合作用对当地居民的综合健康风险。有六种重金属被作为研究对象:铬、铜、锌、镉、汞、铅,这些金属通常在被污染的农田土壤中同时发现以高浓度存在,且它们也是我们所研究地区的主要污染物。

1. 材料和方法

(1)研究区

被研究的城镇×位于江苏省南部,与常熟、苏州、无锡接壤,该地区占地约 104 km^2,人口 7.5 万,有 500 多家乡镇企业,包括几家电镀厂、化工厂、染料厂、颜料厂和金属加工厂,这些企业排放的重金属已在当地的自然环境中累积,有关该地区的一些研究显示当地河流已在一定程度上受到铅、铜、镍的污染,土壤主要受到汞污染,其次还有铜、镉、铅、锌污染。农田土壤中重金属的过度累积可能导致粮食作物对其的富集和随之而来的对当地居民的健康风险。

为了获得该研究区域的暴露参数,我们于 2008 年 5 月在该镇做了一份居民食品

消费情况的问卷调查,通过在镇内及周边主要乡村的挨门访问,最终完成了 244 份调查问卷,得到的数据包括食品消费的频率、数量、食物来源,还有受访家庭成员的人数、年龄和性别,被调查的食品种类包括粮食、土豆、肉、鱼、蟹、奶、蔬菜、水果。数据显示当地居民对大米和蔬菜的消费率分别为 423 和 234.6 g/人/日,分别占所消费食品总量的 41.5% 和 23.0%,而且这两类食物的自给率(自己种植,自己消费)均超过了 60%。因此当地居民对当地农田土壤中重金属的主要暴露途径被认为是对当地种植的大米和蔬菜的膳食消费,故而主要评价食用当地被重金属污染的土壤上种植的大米和菜园蔬菜的健康风险。

大米和蔬菜样本于 2008 年 5 月和 9 月两次采自×镇。共 107 个蔬菜样品,包括 14 个主要蔬菜品种,23 个大米样品,其中的铅、镉、汞、铬、锌、铜含量均采用电感耦合等离子体质谱法(ICP-MS)法测定。

(2) 多种重金属的综合风险评价

共研究了六种重金属:铬、铜、锌、镉、汞、铅,对于这一金属混合物的主要暴露途径是经口摄入,关注的是中期和慢性效应。所有研究的这些重金属中除镉和六价铬的吸入暴露被证明具有人类可能致癌和已知致癌效应外,其他均为非致癌性。然而通过经口暴露,镉和六价铬能否产生致癌效应仍然待定,在胃内的酸性条件下六价铬会转化为三价铬,因此本研究实例仅考虑非致癌效应(表 4.9)。

表 4.9 金属的非致癌效应

	铅	镉	锌	铜	铬(Ⅲ)	汞
心血管	○					
胃肠				○		
血液	○	○	◎			
肝脏		○		◎		
神经	◎	○				◎
肾脏	○	◎				○
睾丸	○	○				

注:确定最小风险水平(MRL)或健康评价的关键效应记为◎;其他敏感效应标记为○。尚未观察到三价铬的不良效应。

对于非致癌效应,通过加和来评价多种化学物质的健康风险是有失偏颇的,毒物的交互作用使最终的毒性可能增加(协同作用)也可能减少(拮抗作用),使用加和方法的前提是各物质的作用机理相同,而此处研究的六种重金属各自都作用于很多靶器官,评价终点也各不相同,尽管这些金属中有两种或两种以上金属具有相同的靶器官,然而这些金属在长期的经口暴露下并不具有相同的关键(临界)效应(最敏感器官的效应决定了最低风险浓度或其他健康标准)。对于这种类型的混合物,首先应用传统的危害商值法。对于危害商值大于 0.1 的元素则有必要对其加和或交互效应作出进一步的评价,推荐的方法是使用 TTD 法作为对危害指数法的补充来求得针对特定评价终点的危害指数,并用定性的权重分析法将交互效应考虑在内,包括对两种物质混合而设计的二元权重分析。

① 靶器官毒性剂量对危害指数法的修正

TTD 法作为对基本的风险指数法的修正,在本次对重金属累积非致癌健康风险的评价中被选用,这些金属的关键效应并不都相同,但他们常共同作用于同一靶器官。这些金属作用于其他器官的剂量比引起最敏感器官效应的剂量要高,这些其他效应在对混合物的健康影响评价中是很重要的。重金属作用于多个靶点,也就具有多个靶器官毒性剂量(TTD)和一个由关键效应确定的最小风险水平(MRL)。TTD 值的推导类似于其他基于健康的指标值,如 MRLs,针对特定的靶器官,用其无毒性浓度(NOAEL)或最低毒性浓度(LOAEL)除以不确定因子。TTD 是不会对敏感人群的相应靶器官产生效应的剂量。对混合物中的每种金属,推出其针对神经系统、肾脏、心血管、血液、睾丸以及肝脏效应的 TTD。计算特定评价终点的危害商值和危害指数以评价联合毒性作用。如果特定评价终点的危害指数值大于 1,说明多种金属的潜在健康危害需要引起关注,日摄入量、特定评价终点的危害商值以及特定评价终点的危害指数值分别按下列公式计算:

$$ADD = \frac{\sum_i C_i \times IR_i}{BW} \tag{4.10}$$

$$HQ^j_{endpoint} = ADD/TTD^j_{endpoint} \tag{4.11}$$

$$HI_{endpoint} = \sum_j HQ^j_{endpoint} \tag{4.12}$$

其中,ADD 为重金属的每日平均摄入量;C 为重金属在农作物中的平均浓度($\mu g/g$);IR 为农作物的摄入率(g/person/day);BW 为平均体重;i 指各种农作物;$TTD_{endpoint}$ 指靶器官的毒性剂量;$HQ_{endpoint}$ 为靶器官的危害商值;$HI_{endpoint}$ 为六种重金属对靶器官的危害指数值;j 指各种重金属。

② 权重分析(WOE)

权重分析通过考虑重金属两两间交互效应以发展危害指数法。WOE 法对化学混合物中每种可能的两两组合的相关联合毒性数据进行评价,并通过二元定性权重分析得出每种化学物质对另一种化学物质毒性的影响。尽管早期有关 WOE 法的报道中并未讨论在二元定性权重分析中应将靶器官考虑在内的必要性,然而 WOE 法的使用经验表明 WOE 评价应该是针对靶器官的。

定性的二元权重分析是基于交互效应的方向(大于相加作用为+1,等于相加作用为 0,小于相加作用为−1)和相关毒性数据的质量(机理认识、毒性重要性、相关暴露时间、顺序、生物鉴定(体内还是体外)以及暴露途径的相关性)来确定一个在 0.32 到 1 之间的权重因子,最后得分是通过将方向因子和上述 5 个定性权重因子的值相乘得到。BINWOE 的得分在+0.05~+1.0 范围内,表示大于相加作用的交互效应由低到高的可信度；−0.05～−1.0 的范围,则表示交互效应小于相加作用；如果证据表明相加的联合作用,或没有交互作用或无法确定,则该值等于 0。关于该法的详细说明可在美国 ATSDR 的《混合物导则手册》中查到。

一种混合物的 WOE 综合值是混合物中两两组合的二元权重分析值(BINWOE)的总和,该综合值若接近 0,说明各物质间为相加作用,反之则说明单因素分析可能低估(WOE 综合值大于 0)或高估(WOE 综合值小于 0)在暴露场景中的实际风险。对于 TTD 分析,针对混合物每个受到关注的效应计算 WOE 综合值。

以往并没有专门针对六种重金属铬、铜、锌、镉、汞、铅的混合物所作的健康研究,一些研究做了三种重金属的混合效应,但大多数都是讨论两两组合。在本实例对六种重金属混合物的健康风险评价中,参考使用了砷、镉、铬、铅交互效应的相关信息,铅、锰、锌、铜交互效应的相关信息,以及有关重金属在人类或动物身上产生交互作用的相关文献,特别是有关镉、铜、锌的。

2. 结果和讨论

(1) 大米和蔬菜中多种重金属的膳食暴露评价

问卷填写的结果证实了大米和蔬菜是当地消费率最高的两种食材,二者的日平均摄入量的计算是基于饮食习惯的问卷调查结果(表 4.10),当地居民消费的大米和蔬菜中自己种植部分所占的比例也显示在表 4.10 中。大米是当地唯一的主食,且自种率高达 69%,小青菜是当地居民终年食用的蔬菜,自种率高达 77%。因此,居民食用的大米和蔬菜明显受到当地环境的影响。研究计算了大米样品和每种蔬菜样品中重金属的平均浓度,显示在表 4.10 中。应用公式(4.10),计算得出当地种植的大米和蔬菜中铬、铜、锌、镉、汞、铅的日摄入量分别为 5.66,16.90,74.21,0.10,0.04 和 0.43 μg/kg,鉴于一些填写者并未提供他们的体重,我们在暴露评价中采用了成人体重的参考值为 55.9 kg。

(2) 多种重金属的累积健康风险评价

① 基于靶器官毒性剂量的危害指数法

镉、锌、铜、铬的经口暴露参考剂量分别为 1,40,300 和 1500 μg/kg/日,世界卫生组织建议的汞和铅的每周容许摄入量暂定为 5 和 25 μg/kg/周,相应的,计算出铬、铜、锌、镉、汞、铅的 HQ 值分别为 0.004,0.423,0.247,0.102,0.049 和 0.124。

正如《交互作用简介的编制导则》所推荐的,由于四种重金属(铜、锌、铅、镉)的危害商值超过了 0.1,因此需要用 TTD 法对特定评价终点的 HQ 和 HI 值进行进一步的计算。以神经、肾脏、心血管、血液和睾丸效应为评价终点的镉的 TTD 值分别为 0.0002,0.0002,0.005,0.0008 和 0.003 mg/kg/日,铅的 TTD 值分别为 10,34,10,10 和 40 μg/μL 血液。亦即镉对神经和肾脏产生毒性的剂量和暴露条件下对心血管和睾丸并无影响；而铅对神经、心血管、血液产生毒性的剂量和暴露条件下对肾脏和睾丸无影响；并从铜的最敏感靶点肝脏的效应和锌的最敏感靶点血液的效应得出,铜和锌的 MRL 分别为 0.14 和 0.3 mg/kg/日。

血铅浓度的评价是将铅的日摄入量(Intake)与吸收率(AF)和生物动力学斜率因子(BKSF)相乘得出的。依据已有研究结果,胃肠对膳食摄入的铅的吸收率设为的10%;BKSF 值为典型成人血铅浓度增量与铅的平均日吸收量(uptake)的比值。各暴露途径铅在体内的分配是类似的,BKSF 一般设为 0.4 (μg/dL)/(μg/日),即每天吸收 1μg 铅,血铅浓度增高 0.4 μg/dL。计算得到铜、锌、铅、镉针对特定评价终点的 HQ 和 HI 值并显示在表 4.11 中。神经、肾脏、心血管、血液、睾丸和肝脏效应评价终点的 HI 值分别为 0.61,0.54,0.12,0.48,0.05 和 0.12。每个评价终点的 HQ 和 HI 值均小于 1,因此接下来需要做权重分析,以确定 4 种重金属中两两组合的交互效应。

表 4.10 大米和蔬菜的每日摄入量及重金属含量

食物种类	膳食消费率 (g/人/日)	自种比例	浓度 (mg/kg)					
			铬	铜	锌	镉	汞	铅
大米	423.5	69%	7.50E-01	2.64E+00	1.20E+01	1.40E-02	5.70E-03	5.40E-02
蔬菜	234.6	61%	6.70E-01	1.18E+00	4.34E+00	1.10E-02	2.00E-03	5.80E-02
白菜	7.4	36%	1.38E+00	4.60E-01	2.81E+00	1.80E-02	1.00E-03	1.20E-01
青菜	62.0	77%	1.52E+00	4.80E-01	3.86E+00	1.80E-02	2.00E-03	1.10E-01
韭菜	9.6	67%	6.30E-01	7.20E-01	3.08E+00	1.80E-02	2.90E-03	8.40E-02
空心菜	9.4	69%	1.19E+00	1.43E+00	2.66E+00	1.50E-02	1.80E-03	1.20E-01
其他叶类蔬菜	36.2	55%	1.09E+00	7.20E-01	2.95E+00	1.80E-02	1.90E-03	1.01E-01
辣椒	4.9	41%	1.30E-01	6.60E-01	1.15E+00	4.60E-03	6.00E-04	1.10E-02
茄子	7.2	69%	1.70E+00	7.80E-01	1.42E+00	8.80E-03	1.00E-03	1.10E-02
丝瓜	11.3	71%	1.00E+00	4.30E-01	1.13E+00	1.70E-02	2.50E-04	4.80E-03
其他茄果类蔬菜	52.1	41%	2.80E-01	1.69E+00	5.83E+00	4.00E-02	1.00E-03	1.70E-02
其他蔬菜	34.4	69%	6.70E-01	1.18E+00	4.34E+00	1.10E-02	2.00E-03	5.80E-02

表 4.11 大米和蔬菜中的铜、锌、铅、镉通过慢性经口暴露的特定评价终点 HQ 和 HI 值

评价终点	危害商值_{终点}				危害指数_{终点}
	铜	锌	镉	铅	
神经	NA	NA	0.51	0.10	0.61
肾脏	NA	NA	0.51	0.03	0.54
心血管	NA	NA	0.02	0.10	0.12
血液	NA	0.25	0.13	0.10	0.48
睾丸	NA	NA	0.03	0.02	0.05
肝脏	0.12	NA	NA	NA	0.12

② 证据权重分析

二元证据权重分析(BINWOE)是基于 ATSDR 提供的《砷、镉、铬、铅的交互作用简介》及《铅、锰、锌、铜的交互作用简介》中的信息进行的(见表 4.12)。由于镉和铅组合针对睾丸毒性效应的 BINWOE 值大于相加作用,且有相对较高的可信度(>ⅡA)及相应较高的数值得分(各为+0.71),所以含有镉和铅的多种金属混合物的潜在健康风险可能大于睾丸为评价终点的 HI 值所表达的风险。另外,铅存在时对镉的神经毒性的影响预测为大于相加作用(+0.10),而其他的重金属组合的 BINWOE 为负值或等于 0。大部分已知的交互作用都小于相加作用,说明实际的健康风险很可能比 HI 值所表达的风险要小。

表 4.12 铜、锌、铅、镉慢性同时经口暴露的神经、肾脏、血液和肝脏毒性的 BINWOE 矩阵

		对 Y 的毒性			
		铅	镉	锌	铜
X 的影响	铅		?(0)n =ⅡAii(0)r =ⅢA(0)c =ⅡC(0)h >ⅡA(+0.71)t	=ⅡB(0)h	=ⅢC(0)p
	镉	>ⅢC(+0.10)n <ⅡA(−0.71)r =ⅢA(0)c <ⅢB(−0.23)h >ⅡA(+0.71)t			
	锌	<ⅠB(−0.71)n <ⅠA(−1.0)h			<ⅠB(−0.71)p
	铜	<ⅠC(−0.32)n <ⅠB(−0.71)h		<ⅡA(−0.71)h	

注:①n=神经;②r=肾脏;③c=心血管;④h=血液;⑤t=睾丸;⑥p=肝脏;"<"是指拮抗作用;"="是指相加作用;">"是指协同作用;"?"是指尚未确定;"Ⅰ,Ⅱ,Ⅲ"是指机理熟知度因子(分值为 1.0,0.71,0.32);"A,B,C"是指毒性显著性因子(分值为 1.0,0.71,0.32);"i,ii"是指修正因子(分值为 1.0,0.79);括号中的值为算出的二元证据权重值。

评价终点为神经、肾脏、心血管、血液、睾丸和肝脏的 WOE 综合值分别为−0.93,−0.71,0,−2.65,+1.42,−0.71,其中睾丸效应的 WOE 综合值(+1.42)显示由于金属针对该评价终点的联合作用,实际的风险要大于特定评价终点的 HI 值所预测的

风险。鉴于睾丸效应的 HI 值只有 0.05，且重金属混合物针对其他已知效应的联合作用大多数小于相加作用（WOE 综合值小于 0），因此认为对当地种植的大米和蔬菜中重金属的膳食暴露不存在非致癌健康风险。

尽管现有有关镉和铜、镉和锌之间交互作用的以人和动物为研究对象的研究资料还不足以来做 WOE 分析，但一些结果已证明锌对镉或锌对铜的交互作用是小于相加作用的。之前的报道显示同时给锌或提前给锌会预防或减轻镉的很多毒性效应，包括对睾丸、骨的损伤，以及肾毒性、肝毒性、细胞毒性、死亡率、致癌性、致畸性和对胎儿的毒性。最有可能的机理是在肠吸收阶段锌与镉的交互作用以及其诱导金属硫蛋白的产生，均会降低镉的毒性。镉对心肌细胞的毒性非常高，大部分镉通过钙、锌、铜的转运通道进入这些细胞，在钙、锌、铜存在的情况下，它们会对镉的累积产生竞争抑制作用。锌还可减轻铜对肺上皮细胞的不良影响，可有效减轻铜的氧化作用。现有信息还不足以开展三种或四种重金属联合作用的研究。

BINWOE 结果（字母数字组合）表达了交互作用预计方向（加和、协同或拮抗）的可信度，其中主要标准（机理熟知度和毒性显著性）得分和修正因子（暴露途径、暴露时间、暴露顺序、和实验方法的差异）得分描述了不确定性的来源及程度。在本实例中并无明显不能由上述因子确定的不确定性。

3. 结论

TTD 修正 HI 法和 WOE 修正 HI 法的结果显示，目前当地居民通过消费自种大米和蔬菜而对六种重金属的同时暴露并不会导致非致癌累积健康风险。该结论是在现有的重金属间交互作用毒性研究的基础上得出的。在所研究的重金属中，针对某些评价终点，有些重金属的两两组合产生了大于相加或小于相加的交互作用。而其他的重金属两两组合，针对共同评价终点的加和作用或者已由数据证实或者是为保护公众健康所做的假设。但本研究实例所涉及的重金属，特别是镉、铜和锌之间的联合作用，其科学证据依然非常有限，不足以全面表征其对所关注的毒性靶点的可能的联合作用模式。

参考文献

丁爱芳, 潘根兴. 2003. 京城郊零散菜地土壤与蔬菜重金属含量及健康风险分析[J]. 生态环境, **12**: 409-411.

葛可佑. 1992. 90 年代中国人群的膳食与营养状况[M]. 北京: 人民卫生出版社.

环境保护部科技标准司. 2010. 国内外化学污染物环境与健康风险排序比较研究. 北京: 科学出版社.

周生路, 陆春锋, 万红友. 2005. 苏南菜地土壤酸化特点及成因分析[J]. 河南师范大学学报（自然科学版）, **33**: 69-72, 91.

Agency for Toxic Substances and Disease Registry (ATSDR), 2006a. Minimal Risk Levels (MRLs) for Hazardous Substances. Available: http://www.atsdr.cdc.gov/mrls.html.

Agency for Toxic Substances and Disease Registry (ATSDR). 2002a. Interaction profile for copper, lead, manganese, and zinc. Draft for public comment. Available: http://www.atsdr.cdc.gov.

Agency for Toxic Substances and Disease Registry (ATSDR). 2002b. Interaction profile for benzene, toluene, ethylbenzene, and xylenes (BTEX). Draft for public comment. Available: http://www.atsdr.cdc.gov.

American Conference of Governmental and Industrial Hygienists (ACGIH). 2006. Annual Reports of the Committees on TLVs and BEIs. Available: http://www.acgih.org/TLV/.

ATSDR. 2001. Guidance for the Preparation of an Interaction Profile. US Department of Health and Human Services, Public Health Service, Atlanta, GA, USA.

ATSDR. 2004a. Interaction Profile for Arsenic, Cadmium, Chromium, and Lead. US Department of Health and Human Services, Atlanta, GA, USA.

ATSDR. 2004b. Interaction Profile for Lead, Manganese, Zinc, and Copper. US Department of Health and Human Services, Atlanta, GA, USA.

ATSDR. 2004c. Guidance Manual for the Assessment of Joint Toxic Action of Chemical Mixtures. US Department of Health and Human Services, Atlanta, GA, USA.

Barghigiani C, Ristori T, Bauleo R. 1991. Pinus as an atmospheric Hg biomonitor. Environmental Technology, **12**: 1175-1181.

Björnberg KA, Vahter M, Pertersson-Graw'e K, Glynn A, Cnattingius S, Darnerud PO et al. 2003. Methyl mercury and inorganic mercury in Swedish pregnant women and in cord blood: Influence of fish consumption. *Environmental Health Perspectives*, **111**: 637-641.

Brz'oska MM and M oniuszko-Jakoniuk J. 2001. Review: Interactions between cadmium and zinc in the organism. *Food Chem Toxicol*, **39**: 967-80.

Brz'oska MM, Galazyn-Sidorczuk M, Rogalska J, et al. 2008. Beneficial effect of zinc supple-mentation on biomechanical properties of femoral distal end and femoral diaphysis of male rats chronically exposed to cadmium. *Chem Biol Interact* **171**: 312-24.

Canadian Council of Ministers of the Environment (CCME). 2001. Canada-wide standards for petroleum hydrocarbons in soil. Available: http://www.ccme.Ca, 1-8.

Cao H and Ikeda S. 2000. Exposure assessment of heavy metals resulting from farmland application of wastewater sludge in Tianjin, China——The examination of two existing national standards for soil and for farmland-used sludge. *Risk Anal* **20**: 613-25.

Cao H, Chen J, Zhang J, et al. 2010. Heavy metals in rice and garden vegetables and their potential health risks to inhabitants in the vicinity of an industrial zone in Jiangsu, China. *J Environ Sci*, **22**(11) 1792-1799.

Chris F. Wilkinson, Greg R. Christoph, Elizabeth Julien, J. Michael Kelley, Joel Kronenberg, John McCarthy and Richard Reiss. 2000. Assessing the Risks of Exposures to Multiple Chemicals with a Common Mechanism of Toxicity: How to Cumulate? *Regulatory Toxicology and Pharmacology*, **31**: 30-43.

COLINCF. 1999. Assessing risk from contaminated sites: Policy and practice in 16 European countries. *Land Contamination and Reclamation*, **7**(2): 33-54.

Congress of United States. 1980. Comprehensive environmental response, compensation and liability act. Available: http://www.epa.Gov.

Congress of United States. 1996. Food Quality Protection Act Public Law 104170.

Congress of United States. Safe Drinking Water Act Amendments. 1996. Available: http://www.epa.gov/safewater/sdwa/text.html.

Congress of United States. 1986. Superfund Amendments and Reauthorization Act of 1986. Publ. 99-499.

Cui YJ, Zhu YG, Zhai RH, Chen DY, Huang YZ, Qiu Y et al. 2004. Transfer of metals from soil to vegetables in an area near a smelter in Nanning, China. *Environment International*, **30**: 785-791.

Cui Y, Zhu Y, Zhai R, et al. 2004. Transfer of metals from soil to vegetables in an area near a smelter in Nanning, China. *Environ Internat*, **30**: 785-91.

DeFlora S, Camoirano A, Bagnasco M, Bennicelli C, Corbett G E, Kerger B D. 1997. Estimates of the chromium (VI) reducing capacity in human body compartments as a mechanism for attenuating its potential toxicity and carcinogenicity. *Carcinogenesis*, **18**: 531-537.

Eleonora W., Dawn I., Rafal K., et al. 2002. Human health risk assessment case study: An abandoned metal smelter site in Poland. *Chemosphere*, **47**: 507-515.

EMSC(中国环境监测总站). 1993. 中国土壤元素背景值. 北京: 中国环境科学出版社.

Fleck JA, Grigal DF, Nater EA. 1999. Mercury uptake by trees: An observational experiment. *Water Air and Soil Pollution*, **115**: 513-523.

Granero S and Domingo JL. 2002. Levels of metals in soils of Alcal'a de Henares, Spain: Human health risk. *Environ Internat*, **28**: 159-64.

Granero S, Domingo JL. 2002. Levels of metals in soils of Alcala de Henares, Spain: Human health risk. *Environment International*, **28**: 159-164.

Hallenbeck W H. 1993. *Quantitative Risk Assessment for Environmental and Occupational Health*. Lewis Publishers, Chelsea, M I, USA.

Han WY, Zhao FJ, Shi YZ, Ma LF, Ruan JY. 2006. Scale and causes of lead contamination in Chinese tea. *Environmental Pollution*, **139**: 125-132.

Hang XS, Wang HY, Zhou JM, Ma CL, Du C W, Chen X Q. 2009. Risk assessment of potentially toxic element pollution in soils and rice (Oryza sativa) in a typical area of the Yangtze River Delta. *Environmental Pollution*, **157**: 2542-2549.

Hissink EM, Bogaards JJP, Freidig AP, et al. 2005. The use of in vitro metabolic parameters and physiologically based pharmacokinetic modeling to explore the risk assessment of trichloroethylene. *Environ Toxicol Pharmacol*, (11): 259-271.

Irato P and Albergoni V. 2005. Interaction between copper and zinc in metal accumulation in rats with particular reference to the synthesis of induced-metallothionein. *Chem Biol Interact*, **155**: 155-64.

Järup L. 2003. Hazards of heavy metal contamination. *British Medical Bulletin*, **68**: 167-182.

James A. Swenberg, David KL, Nova A. Scheller, Kuen-yuh Wu. 2007. Dose-response relationships for carcinogens, *Toxicology and Applied Pharmacology*, **223**: 121-124.

JECFA (Joint FAO/WHO expert Committee on Food Additives). 1993. Evaluation of certain food additives and contaminants: 41st report of JECFA. Technical Reports Series No. 837. World Health Organization, Geneva.

JECFA (Joint FAO/WHO Expert Committee on Food Additives). 1993. Evaluation of Certain Food Additives and Contaminants: 41st report of JECFA. Technical Reports Series No. 837. World Health Organization, Geneva, Switzerland.

Khan S, Cao Q, Zheng YM, Huang YZ, Zhu YG. 2008. Health risks of heavy metals in contaminated soils and food crops irrigated with wastewater in Beijing, China. *Environmental Pollution*, **152**: 686-692.

Lee J, Chon H, Kim K. 2005. Human risk assessment of As, Cd, Cu and Zn in the abandoned metal mine site. *Environmental Geochemistry and Health*, **27**(2): 185-191.

Limaye DA and Shaikh Z A. 1999. Cytotoxicity of cadmium and characteristics of its transport in cardiomyocytes. *Toxicol Appl Pharmacol*, **154**: 59-66.

Liu HY, Probst A, Liao BH. 2005. Metal contamination of soils and crops affected by the Chenzhou lead zinc mine spill (Hunan, China). *Science of the Total Environment*, **339**: 153-166.

Mary A. Fox, Nga L. Tran, John D. Groopman, Thomas A. Burke. 2004. Toxicological resources for cumulative risk: an example with hazardous air pollutants, *Regulatory Toxicology and Pharmacology*, **40**: 305-311.

Melvin E. Andersen, James E. Dennison. 2004. Mechanistic approaches for mixture risk assessments-present capabilities with simple mixtures and future directions, *Environmental Toxicology and Pharmacology*, **16**: 1-11.

Michael Fryer, Chris D. Collins, Helen Ferrier, Roy N. Colvile, Mark. Nieuwenhuijsen. 2006. Human exposure modelling for chemical risk assessment: A review of current approaches and research and policy implications. *Environmental Science & Policy*. (9): 261-274.

Mumtaz MM, De Rosa CT, Cibulas W, Falk H. 2004. Seeking solutions to chemical mixtures challenges in public health, *Environmental Toxicology and Pharmacology*, **18**: 55-63.

Mumtaz MM, De Rosa CT, Groten J, et al. 1998. Estimation of toxicity of chemical mixtures through modeling of chemical interactions. *Environ Health Perspect*, **106**(Suppl 6): 1353-1360.

Mumtaz MM, Durkin PR. 1992. A weight-of-evidence approach for assessing interactions in chemical mixtures. *Toxicol Ind Health*, **8**: 377-406.

Mumtaz MM, Poirier KA, and Colman JT. 1997. Risk assessment for chemical mixtures: Fine-tuning the hazard index approach. *J Clean Technol E T*, **6**: 189-204.

Mumtaz MM, Ruiz P, De Rosa CT. 2007. Toxicity assessment of unintentional exposure to multiple chemicals, *Toxicology and Applied Pharmacology*, **223**: 104-113.

National Environmental Protection Council (NEPC). 1999. Guideline on health risk assessment methodology. Available: http://www.epa.Gov.au.

National Research Council (NRC). 1983. *Risk Assessment in the Federal Government: Managing the Process*. Washington, D.C: National Academy Press, Washington, D.C,.

Pohl HR, McClure P, and De Rosa CT. 2004. Persistent chemicals found in breast milk and their possible interactions. *Environ Toxicol Pharmacol*, **18**: 259-66.

Riley MR, Boesewetter DE, Kim AM, et al. 2003. Effects o f metals Cu, Fe, Ni, V, and Zn on rat lung epithelial cells. *Toxicology*, **190**: 171-84.

Schwesig D, Krebs O. 2003. The role of ground vegetation in the uptake of mercury and methylmercury in a forest ecosystem. *Plant Soil*, **253**: 445-455.

Sharon B. Wilbur, Hugh Hansen, Hana Pohl, Joan Colman, Peter McClure. 2004. Using the ATSDR Guidance Manual for the Assessment of Joint Toxic Action of Chemical Mixtures. *Environmental Toxicology and Pharmacology*, **18**: 223-230.

Sipter E, Rozsa E, Gruiz K, et al. 2008. Site-specific risk assessment in contaminated vegetable gardens. *Chemosphere*, **71**: 1301-7.

Sipter E, Rozsa E, Gruiz K, Ta trai E, Morvai V. 2008. Sitespecific risk assessment in contaminated vegetable gardens. *Chemosphere*, **71**: 1301-1307.

Sridhara Chary N, Kamala CT, Samuel SRD. 2008. Assessing risk of heavy metals from consuming food grown on sewage irrigated soils and food chain transfer. *Ecotoxicology and Environmental Safety*, **69**: 513-524.

Tripathi RM, Raghunath R, Krishnamoorthy TM. 1997. Dietary intake of heavy metals in Bombay City, India. *Science of the Total Environment*, **208**: 149-159.

USEPA. 1985. National oil and hazardous substance pollution contingency plan. Final Rule, 50 Federal Register 47912 Washington DC. Available: http://www.epa.Gov.

USEPA. 1988. National oil and hazardous substance pollution contingency plan. Proposed Rule, 53 Federal Register 51394 Washington DC. Available: http://www.epa.Gov.

USEPA. 1989. Risk assessment guidance for superfund: Human health evaluation manual. Available: http://www.epa.Gov.

USEPA. 2006. Reference Dose RfD: Description and Use in Health Risk Assessments. Available: http://www.epa.gov/iris/rfd.htm.

USEPA. 2000. Risk-Based Concentration Table. Washington DC, USA.

USEPA. 2001. Review of Adult Lead Models Evaluation of Models for Assessing Human Health Risks Associated with Lead Exposures at Non-Residential Areas of Super fund and Other Hazardous Waste Sites. Office of Solid Waste and Emergency Response, Washington DC, USA.

Wang XL, Sato T, Xing BS, Tao S. 2005. Health risks of heavy metals to the general public in Tianjin, China via consumption of vegetables and fish. *Science of the Total Environment*, **350**: 28-37.

Wang X, Yan W, An Z, et al. 2003. Status of trace elements in paddy soil and sediment in Taihu Lake region. *Chemosphere* **50**: 707-710.

WHO (World Health Organization). 1990. Methyl mercury. Environmental Health Criteria, Vol. 101. WHO, Geneva.

WHO (World Health Organization). 1992. Cadmium. Environmental Health Criteria, Vol. 134. WHO, Geneva.

Wilbur SB, Hansen H, Pohl H, et al. 2004. Using the ATSDR guidance manual for the assessment of joint toxic action of chemical mixtures. *Environ Toxicol Pharmacol*, **18**:223-30.

Wilson B and Pyatt FB. 2007. Heavy metal dispersion, persistence, and bioaccumulation around an ancient copper mine situated in Anglesey. UK. *Ecotoxicol Environ Saf*, **66**:224-31.

Zheng N, Wang QC, Zheng DM. 2007. Health risk of Hg, Pb, Cd, Zn, and Cu to the inhabitants around Huludao Zinc Plant in China via consumption of vegetables. *Science of the Total Environment*, **383**: 81-89.

Zhuang P, McBride BB, Xia HP, Li NY, Li ZA, 2009. Health risk from heavy metals via consumption of food crops in the vicinity of Dabaoshan mine, South China. *Science of the Total Environment*, **407**: 1551-1561.

第五章 环境基准制定与修订

第一节 环境基准的制定依据

环境标准是国家为保护人群健康和生态环境,对污染物(或有害因素)容许含量(或要求)所做的规定。环境质量标准体现国家的环境保护政策和要求,是衡量环境是否受到污染的尺度,是环境规划、环境管理和制订污染物排放标准的依据。环境标准由国家管理机关颁布,一般具有法律的强制性。环境标准以环境基准为依据,结合国家自然环境特征、控制环境污染的技术水平、经济条件的社会要求等因素,经过综合分析制定。环境标准规定的污染物容许剂量或浓度原则上应小于或等于相应的基准值。

环境基准是指环境中污染物对特定对象(人或其他生物等)不产生不良或有害影响的最大剂量(无作用剂量)或浓度,是由污染物同特定对象之间的剂量—反应关系确定的,不考虑社会、经济、技术等人为因素,不具有法律效力。但是,环境基准是制定环境质量标准、评价、预测和控制环境污染的科学依据。环境基准包含了3个层次的内涵:①环境基准以保护人类健康、生态环境及环境功能为目的,反映了污染物在环境中最大可接受浓度的科学信息;②环境基准是自然科学的研究范畴,是在研究污染物在环境中的行为和生态毒理效应等基础上确定的,基准值是完全基于科学实验及调查的客观记录和科学推论;③环境基准是制定环境标准的依据,以环境暴露、毒理效应与风险评估为核心内容的环境基准体系,是环境质量评价、风险控制及整个环境管理体系的基础。

环境基准按环境要素可分为大气质量基准、水质量基准和土壤质量基准等;按保护对象可分为环境卫生基准、水生生物基准、植物基准、人类健康基准等。同一污染物在不同的环境要素中或对不同的保护对象有不同的基准值。

第二节 基准推导的理论与方法

制定环境基准首先要明确对应的环境介质、使用功能和保护对象,基于环境风险评价理论,得出保证保护对象的环境风险在允许范围内的环境介质中特定化学物质的限量值。基准的推导过程实际上是环境风险评价的反过程。以人体健康环境基准为例,健康风险评价包括危害识别、毒性评价、暴露评价及风险表征4个步骤,定量评价或预测环境介质中特定化学物质在一定浓度水平时,对人类的健康风险;而人体健康

第五章　环境基准制定与修订

环境基准则是在同样的暴露途径、剂量-毒性效应关系的基础上,由可允许的健康风险水平反推环境介质中的特定化学品浓度限值。环境基准的具体推导步骤如下。

(1)明确需要制定基准的对应环境介质和保护对象。
(2)确定基准限定的化学物质种类及其他项目。
(3)由需要制定基准的环境介质和保护对象确定暴露途径。
(4)确定不同暴露途径的贡献率。
(5)针对不同化学物质的毒性研究得出剂量-效应关系公式。
(6)由风险限值和剂量-效应关系确定最大允许暴露量及各途径暴露量。
(7)得出不同途径确定的环境介质中各化学物质的最大允许浓度限值。
(8)其中的最小值即为该物质的基准值。

由于以人为保护对象及以植物或水生生物为保护对象的环境标准的推导理论与方法有所不同,这里主要介绍人体健康环境基准推导的理论与方法。

环境中的有毒有害化学物质,依其毒性的不同,可分为致癌物与非致癌物。人体健康环境基准的推导亦因化学物质毒性的不同而有所差异。对于疑似或已证实的致癌物,基准值是指人体暴露于该污染物时可能增加的个体终生致癌风险(致癌率)在允许值的环境浓度。对于非致癌物,估算不对人体健康产生有害影响的环境浓度。

健康环境基准推导需要分析从基准介质到人体的暴露途径。暴露途径主要包括直接暴露和间接暴露。例如,水质基准就要考虑从水中直接摄取和通过消费水生生物的间接摄食。间接摄食暴露途径就要确定水中化学物质在水生生物中的富集系数,得出水生生物中化学物质浓度与水中浓度的相关关系。吸入和皮肤接触等其他暴露途径常常由于缺乏相关数据,未在基准推导时考虑。再如,土壤基准的推导主要考虑土壤的无意直接摄取,土壤-农作物-人体摄入及土壤-牧草-牛羊肉/乳-人体摄入的间接暴露途径。需要确定间接暴露途径中化学物质的迁移系数。

值得注意的是,基于环境风险评价理论推导环境基准时,所设定的健康风险允许值是针对某一化学物质的总暴露量,考虑全部非职业暴露源和途径的限定值。这就要用相对源贡献法确定基准介质到人体的主要暴露途径的暴露贡献率,进而确定基准介质中化学物质的浓度限值,即基准值。

人体健康基准确定的前提条件是大量的毒理实验结果表明存在毒性效应,并且存在明确的剂量-效应关系。开展毒性效应分析,首先要收集有关化学物质的急性、亚急性和慢性毒性、发育、生殖及神经毒性的毒性实验数据,致癌、致畸、致突变的资料,考虑实验的质量、数量和权重,确定需要重点考虑的毒性效应。

确定人体健康环境基准还需设定暴露参数。通常暴露参数设定为一般暴露人群成年人的平均值,推导的环境基准可以保护一般人群的大多数人。

下面具体说明不同性质的化学物质其环境基准值的推导方法以及其中各参数值的确定方法。

一、基准值的推导公式

1. 致癌物质

致癌物的致癌反应不存在阈值,即只要环境中存在某种致癌物质,就会存在致癌的可能性。因此,确定致癌物质的环境基准,必须先确定一个可接受的致癌风险水平(比如 10^{-6}),该风险水平与日常生活中的很多风险水平相当,可以反映一般人群的适当风险。进一步的研究表明,同为致癌物,依致癌过程(作用模式 Mode of Action,MOA)的不同,无阈值剂量可以与癌症效应呈线性关系,也可以表现为低剂量范围的非线性。相应地,环境基准的推导分别采用线性法和非线性法得出。值得注意的是,当无阈值剂量与癌症反应呈线性关系且证据充足时,环境基准值仅由致癌效应确定。而若致癌物在低剂量时表现为非线性时,则应综合考虑致癌和非致癌效应。如果没有一种效应占主导地位,水质基准应由致癌和非致癌两个毒性终点来确定,把它们中的较低值作为基准值。

(1)线性法

当有充足的证据证明致癌物的作用模式为线性剂量-效应关系时,采用线性法推导环境基准值。暴露途径同时考虑人体摄入基准介质的直接暴露和摄食以基准介质(比如,水、土壤)为生存环境的生物(比如,鱼贝类、农产品、畜产品及乳制品)的间接暴露。生物中化学物质浓度由基准介质浓度乘以迁移系数确定。

$$QCC = \frac{PR}{SF} \times \left[\frac{BW}{IR + \sum RCF_i \times TIR_i} \right] \tag{5.1}$$

其中,QCC 为环境基准;PR 为最大可接受致癌风险水平(通常可取为 $10^{-4} - 10^{-6}$);SF 为致癌风险斜率因子;IR 为基准介质摄入量;TIR 为生物摄入量;RCF 为化学物质的迁移系数(基准介质→生物);BW 为人体体重。

(2)非线性法

若没有致癌物的致癌线性证据但有足够证据支持非线性假设时,适宜采用非线性法并由非线性默认值来推导该物质的水质基准。以 POD 作为起始点,应用不确定系数得出非线性默认值。

$$QCC = \frac{POD}{UF} \times RSC \times \left[\frac{BW}{IR + \sum RCF_i \times TIR_i} \right] \tag{5.2}$$

其中,QCC 为环境基准;POD 为致癌物质非线性低剂量外插的起始点(Point of Departure);UF 为不确定性因子;RSC 为基准介质源暴露贡献率;IR 为基准介质摄入量;TIR 为生物摄入量;RCF 为化学物质的迁移系数(基准介质→生物);BW 为人体体重。

2. 非致癌物质

非致癌物质的毒性效应有阈值,即不超过阈值污染物不会对人体健康产生影响。

环境基准值由这个阈值(参考剂量 Reference Dose,RfD),考虑直接暴露和间接暴露,在设定的一般人群暴露参数条件下,推出保护人体健康的基准值。

$$QCC = RfD \times RSC \times \left[\frac{BW}{IR + \sum RCF_i \times TIR_i}\right] \quad (5.3)$$

其中,QCC 为环境基准;RfD 为参考剂量;RSC 为基准介质源暴露贡献率;IR 为基准介质摄入量;TIR 为生物摄入量;RCF 为化学物质的迁移系数(基准介质→生物);BW 为人体体重。

二、量效关系的确定

致癌物质与非致癌物质量效关系的表达方式不同,分述如下。

1. 致癌物质

当致癌物的剂量－效应关系为线性时,致癌风险以可能增加的个体终生致癌率表达,由暴露量乘以致癌斜率因子 SF 求得。SF 是指人类终生接触剂量为 1 mg/(kg·d)致癌物时增加的个体终生致癌概率,为剂量－效应曲线的斜率。

当致癌物的剂量－效应关系在低剂量时呈现非线性时,采用 POD 为指标评价风险。POD 可由无毒性量(NOAEL)或基准剂量(BMD)确定,详见第二章。

2. 非致癌物质

评价非致癌物质健康风险的最常用指标是安全剂量。安全剂量依据最初的研发机构及适用物质的不同,名称有所不同。常用的有美国环境保护署(USEPA)使用的参考剂量(RfD)、世界卫生组织(WHO)使用的每日可接受摄入量(ADI)、每日允许摄入量(TDI)和暂定每周允许摄入量(PTWI),以及美国毒物与疾病登记署(ATSDR)使用的最小风险水平(MRL)。

安全剂量通常由动物实验或流行病学调查得到的 NOAEL 除以不确定系数(安全系数)得出。不确定系数通常取为 100,其中考虑暴露人群的个体差异取为 10,种间外插(由动物实验数据推出人类毒性效应)取为 10。如果采用最小毒性量(LOAEL)推导安全剂量,则要在 100 的基础上另外考虑不确定系数 10,即取为 1000。根据毒性数据的质量等情况,这个安全系数还会取的更大,但最大不能超过 3000。最近美国环保署推荐使用对剂量效应关系进行统计分析得出的基准剂量(BMD),BMD 被认为是可以替代 NOAEL 的指标,详见第二章。

三、生物浓缩系数的确定

环境中的各种化学物质通过不同途径进入生物体内,经过体内的分布、循环和代谢。其中生命必需的物质,部分参与了生物体内的构成,多余的必需物质和非生命所需物质中,易分解的经代谢作用可很快地排出体外,不易分解、脂溶性较强、与蛋白或酶有较高亲和力的,就会长期滞留在生物体内。如 DDT 和狄氏剂等农药、多氯联苯

(PCB)、多环芳烃(PAH)和一些重金属,性质稳定,脂溶性很强,被摄入动物体内后即溶于脂肪,很难分解排泄。

在环境中的物质浓度和生物体内的物质浓度之间具有一定的平衡关系。生物体通过吸收、吸附和吞食等过程,从周围环境中浓缩某些元素或难分解的化合物,在这种生物蓄积过程中,元素或难分解的化合物不断进入生物体,又不断从生物体排出,这种物质交换过程要经历一定时间才能达到动态平衡状态。达到平衡状态时物质在生物体内的浓度与其在环境介质中的浓度的比值,叫做平衡浓缩系数。通常所说的某种生物对某种物质的浓缩系数,一般均指平衡时的浓缩系数。

生物浓缩系数的确定方法主要有两大类,即实测法及模型推定法。

1. 实测法

实测法是最准确地测定生物浓缩系数的方法,适用于任何化学物质。

(1)鱼类

天然水生生态系统采样:由现场采集的鱼类组织样品和水样直接测得的某种化学物质的浓度,推导该化学物质的生物累积因子。由于数据是由天然水生生态系统采集的,生物累积因子反映了生物通过所有暴露途径(水、沉积物和食物)对化学物质的暴露。实测生物累积因子反映了可能出现在水生生物体内或其食物网中化学物质生物有效性和新陈代谢的所有影响因素。

实验室生物浓缩试验:在实验室条件下养殖鱼类,测定达到平衡时鱼体组织中和水中某种化学物质的浓度,计算该化学物质的生物浓缩系数。OECD 化学品试验指南(OECD,1996)给出了详细的试验方法,包括受试鱼种、化学物质浓度、试验条件(水、光照、温度、养殖密度、投饵等)、采样测定及数据处理等。由实验室生物浓缩实验测得的生物浓缩系数主要反映化学物质仅通过水暴露途径的累积,反映了该化学物质在生物体内的新陈代谢,而不是发生在食物网中的新陈代谢。因此,对于沉积物或食物亦为重要累积来源的化学物质,可用食物链因子校正,以更好地反映通过食物网暴露的累积。

(2)植物

野外现场采样:自然生长条件下,对应采集植物及土壤样本,分析植物可食部及土壤样本中特定化学物质的浓度,计算生物浓缩系数。需要特别指出的是,对于某些特定化学物质,土壤类型、土壤理化性质对于其在土壤－植物系统的迁移有很大影响。例如,重金属在植物体内的积累往往与其在土壤中的存在形态有关,不同形态具有不同的生物有效性(Bioavailability)。土壤类型、土壤 pH 值、土壤氧化还原电位(Eh)、阳离子代换量(CEC)、土壤中其他元素含量等因素,都会影响重金属在土壤中的存在形态及生物有效性,影响其在植物中的富集。

人工栽培试验:自然生长条件下,某些化学物质浓度较低,不易测定。或者,大田种植条件下的农作物,喷施农药等其他途径的暴露不易控制。因此,可以采用盆栽可控实验,了解农作物对特定化学物质的吸收,得出土壤—农作物的特定化学物质生物浓缩系数。

2. 模型推定法

根据生物吸收化学物质的途径及机理,依据化学物质的物理化学性质,生物的生理、生化参数等,可以建立模型推导生物的浓缩系数。

(1)农作物

植物从环境中吸收化学物质的途径有三种:①植物表面或气孔吸收大气中的化学物质;②植物吸收沉降在叶表面的颗粒物吸附的化学物质;③植物的根吸收土壤中的化学物质。Trapp 和 Matthies 发表的推导植物地上部化学物质浓度的植物模型,考虑①③两种吸收途径,可用于谷类、果实类及蔬菜类等农作物的非离子有机化学物质的浓度推定。该模型考虑大气与叶面之间的物质交换,物质由根到地上部的转移及伴随代谢和生长的稀释作用,通过求解质量平衡方程式计算植物地上部化学物质的浓度 C_{leaf}。

$$C_{leaf} = \alpha/\beta \tag{5.4}$$

其中,
$$\alpha = \frac{C_{ag} \times A \times g}{V_L} + \frac{C_{sw} \times TSCF \times Q}{V_L} \tag{5.5}$$

式子右边第一项与第二项分别为由大气及土壤吸收进入地上部的化学物质的量。C_{ag} 和 C_{sw} 分别为大气及土壤中化学物质的浓度;A 为叶表面积;g 为电导系数;V_L 为植物地上部体积;$TSCF$ 为化学物质的蒸发浓缩倍数;Q 为蒸发水量。

$$\beta = \frac{A \times g}{K_{LA} \times V_L} + \lambda_E + \lambda_G \tag{5.6}$$

式子右边第一项为植物向大气迁移的一次速度常数;K_{LA} 为化学物质的大气/叶分配系数;λ_E 和 λ_G 分别为代谢和生长的一次速度常数。

$TSCF$ 可由辛醇/水分配系数(K_{OW})由下式推得:

$$TSCF = 0.7 \times \exp\left(\frac{-(\log K_{OW} - 3.07)^2}{2.78}\right) \tag{5.7}$$

K_{LA} 可由下式计算:

$$K_{LA} = K_{LW}/K_{AW} \tag{5.8}$$

其中,K_{LW} 与 K_{AW} 分别为化学物质的亨利常数和叶/水分配系数。K_{LW} 可由 K_{OW} 推算得到。

$$K_{LW} = (W_P + L_P \times a \times K_{OW}^b) \times \rho_P/\rho_W \tag{5.9}$$

其中,W_P 与 L_P 分别为植物中水及脂质含有率;ρ_P 与 ρ_W 分别为植物组织与水的密度,a、b 为常数。

表 5.1 所示为模型中使用的参数的默认值。

表 5.1　模型中使用参数的默认值(中西準子,2003)

参数	单位	默认值
叶表面积	m^2	5.0
电导率	m/s	0.001
植物地上部分体积	m^3	0.002
蒸发量	m^3/s	1.15×10^{-8}
植物生长一次速度常数	1/s	4.0×10^{-7}
植物含水率	kg/kg	0.8
植物脂质含有率	kg/kg	0.02
植物组织密度	kg/m^3	700
常数 a		1.22
常数 b		0.95

植物地下部分(根)的化学物质浓度 C_{root} 由下式计算：

$$C_{root} = C_{sw} \times RCF \tag{5.10}$$

这里,RCF 为土壤溶液中的化学物质在植物根部的浓缩倍率,对于 $\log K_{OW} > 2$ 的化学物质,由下式计算

$$RCF = 0.82 + 0.03 \times K_{OW}^{0.77} \tag{5.11}$$

由上面公式中的农作物地上部或地下根部化学物质浓度除以大气或土壤中的浓度,就得到由不同环境介质到农作物不同部位的化学物质浓缩系数。

(2) 肉类和乳类

畜产品(肉类及乳类)中化学物质的浓度可以由传统的药代动力学模型或生理药代动力学模型推定。但是,该类模型所需的参数大多数情况下很难获取,一般可以采用家畜的化学物质摄取量和向肉或乳的迁移系数来计算肉及乳中的浓度(C_{meat} 和 C_{milk})。

$$C_{meat} = INTls \times BAF_{meat} \tag{5.12}$$

$$C_{milk} = INTls \times BAF_{milk} \tag{5.13}$$

这里,$IRTls$ 为家畜从大气、饲料、放牧地土壤(非有意摄取)及饮用水途径摄入的化学物质的总量;BAF_{meat} 和 BAF_{milk} 分别为家畜所摄取化学物质向肉及乳的迁移系数。该模型为欧盟化学物质初期风险评价系统(European Union System for the Evaluation of Substances,EUSES)所采用。$INTls$ 由下式计算:

$$INTls = \sum C_i \times IRls_i \tag{5.14}$$

其中,i 分别表示大气、饲料、土壤及饮用水,C 为摄取介质中的污染物浓度;IRls 为家

畜的介质别吸收或摄取速度。作为饲料的牧草中的化学物质浓度可由前述植物模型计算;EUSES 使用的家畜的大气吸入速度及饲料、土壤和饮用水的摄取速度的默认值分别设定为 122 m³/日,16.9 kg 干重/日(67.6 kg 湿重/日),0.41 kg/日及 55 L/日。

BAF_{meat} 及 BAF_{meat} 由下式计算：

$$BAF_{meat} = 10^{-7.6+\log K_{OW}} (适用范围:1.5 \leqslant \log K_{OW} \leqslant 6.5) \quad (5.15)$$

$$BAF_{milk} = 10^{-8.1+\log K_{OW}} (适用范围:3.0 \leqslant \log K_{OW} \leqslant 6.5) \quad (5.16)$$

以上两式分别为针对肉牛及乳牛的关系式,适用范围比较窄。另外,如果化学物质的 K_{OW} 在以上适用范围外,可以分别取 K_{OW} 的最小值(1.5 或 3.0)或最大值(6.5)进行计算。

(3)鱼贝类

在进行详细风险评价时可以考虑化学物质的吸收、代谢和排泄,构建单室药代动力学模型计算鱼贝类体内化学物质浓度。一般情况下,采用生物浓缩倍率(BCF_{fish})描述鱼贝类从水体中吸收与蓄积化学物质的能力。鱼贝类中化学物质浓度可用下式表达：

$$C_{fish} = C_{water} \times BCF_{fish} \quad (5.17)$$

这里,BCF_{fish} 为鱼类对某种化学物质的生物浓缩倍率。BCF_{fish} 可以由 K_{OW} 推算得到。已经有很多研究者发表了推算公式,大多数推算公式都是 $\log BCF_{fish}$ 和 $\log K_{OW}$ 的直线回归式,也有提出 K_{OW} 较大范围都适用的二次回归式(适用范围:$1.0 \leqslant \log K_{OW} \leqslant 11.2$)。

$$\log BCF_{fish} = 0.99 \log K_{OW} - 1.47 \log(4.97 \times 10^{-8} \times K_{OW} + 1) + 0.0135 \quad (5.18)$$

该式适用于各种化学物质,但所推得的 BCF_{fish} 一般比实验得到的要大,可作为最不利情况下的估算。

四、相对源贡献率的确定

对于低剂量时剂量－效应关系为线性的致癌物,采用线性法推导环境基准值时,不需要考虑基准介质源以外的其他途径的暴露。只考虑基准介质源－人体的直接及间接暴露所导致的终身致癌风险的增加量不超过允许值(通常取为 10^{-6})。

当基于非线性低剂量外推法推导致癌物和非致癌物的水质基准时,通常要考虑全部的非职业暴露源和途径,保证个体总暴露量不超过阈值水平(POD/UF 或 RfD)。特别是当不确定性系数 UF 取得比较小时,考虑多种暴露途径就显得尤为重要。因此,源于基准介质的暴露只能占阈值水平的一部分。基准介质源的暴露占总暴露量的比例,叫做相对源贡献率(Relative Source Contribution, RSC)。相对源贡献率概念的应用已经有近 30 年的历史,确定方法主要有扣除法(Subtraction Method)、百分数法(Percentage Method)和暴露决策树法(Exposure Decision Tree Approach)。

1. 扣除法

当某种特定化学物质只有一种相关基准时,可以应用扣除法。扣除法就是将基准介质以外的其他暴露源及暴露途径的暴露量看做背景值,从阈值水平(RfD 或 POD/UF)中扣除,得出基准介质源暴露的相对源贡献率。

扣除法是美国环境保护署早期应用的确定 RSC 的一种方法。扣除法所得基准值是扣除其他暴露源后水体中允许的最大化学物质浓度。这样,它就扣除了基准实施前的水平(也就是实际的"当前"水平)和参考剂量之间的缓冲。虽然它没有超过参考剂量的最高水平设置基准,但扣除法得出的特定媒介的污染物基准水平会处在一个相当高的水平,从而在某种程度上有悖为了维护和恢复环境而设定标准的目标。实际上,很多化学物质在设定标准前在环境介质中的浓度要比依据扣除法设定的基准所允许的浓度要低很多。

2. 百分数法

当某种特定污染物存在多个环境介质的基准时,则推荐使用百分数法。通常由决定基准的暴露源来计算相对源贡献的暴露百分数,并将其应用于参考剂量来确定分配给这个源的最大数值。将 RfD(或 POD/UF)通过百分数法分配可以保证标准的组合所致暴露不超过 RfD(或 POD/UF)。百分数法不仅简单地取决于制订基准暴露源的污染物数量,旨在反映健康方面的考虑、其他源的相对比例,以及多种暴露源中各个源环境水平不断变化的可能性(由于排放源的不断变化)。各个源贡献的百分数可以取默认值,亦可通过比较现状条件下各个源的暴露量来确定相对源贡献率,即环境介质浓度取现状浓度的平均值,食品摄入量、饮用水量或呼吸量等其他暴露参数取一般人的平均值。

3. 暴露决策树法

在非线性低剂量外推法评价致癌或非致癌物基准时,推荐使用暴露决策树法,排除基准介质源以外的其他介质和暴露途径的暴露。暴露决策树法是美国环保署《保护健康的水质基准推导方法》中推荐使用的确定相对源贡献率的方法。该方法是在对大量相关信息进行分析判断的基础上确定使用排除法、百分数法或采用不同的默认值,可灵活地对各种暴露源的 RfD(POD/UF)进行分配。该方法需要考虑可获取暴露数据的充分性、暴露水平、相关暴露源/介质以及管理方式(也就是对于同一化学物质是否存在多个基于健康的基准或管理标准)。当可获得足够的数据时,可用它计算所关注人群的保护性暴露估算值。当其他暴露源或途径存在但数据不充分时,就更有必要确保达到公众健康保护,对此可以使用一系列的定性替代值(不够充分的数据或默认假设)来弥补数据的不足。尤其是当有效监测数据不充分时,决策树要用到化学物质的信息,其中包括该化学物质的化学/物理性质、用途和环境行为与转化以及在各种介质中出现的可能性。

为充分保护所关注人群,所有提议的默认值为 RfD(POD/UF)的 20% 或 50%。

执行80%的上限是为了确保基于健康的目标值足够低,可以充分保护那些由于某种暴露源所导致的总暴露量高于现有数据推定值的个体。同时也可增大安全范围以应对可能的未知暴露源。20%的下限通常用来合理地防止一些正处于控制中的小部分暴露。也就是说,减少其他暴露源比通过制定标准达到微不足道的总暴露的降低更为适当。如果未能预测被关注污染物的其他暴露源和暴露途径(基于其已知/预期用途以及化学/物理信息),建议采用50%的上限,在信息不充分时通常仍然使用20%的默认值。应尽量减少默认值的使用率。暴露决策树的具体步骤见图5.1。

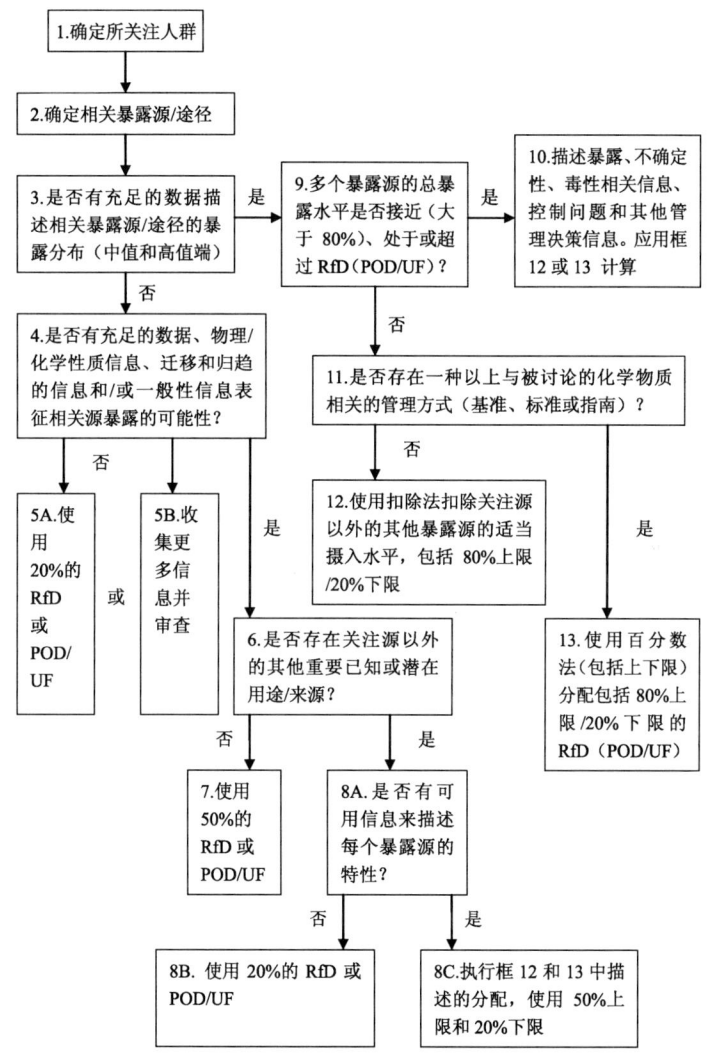

图5.1 暴露决策树的具体流程图(USEPA,2000)

当数据信息不充分时,经常要使用默认值。美国环保署推荐使用的RSC为20%;而美国加利福尼亚环保局则认为对于大多数物质来讲20%的取值过于保守。

主张更多地依据专家判断,确定一个 RSC 的合理值。世界卫生组织在其 2003 年的《饮用水水质指南》中对大多数物质设定的 RSC 默认值为 0.1(即来源于饮用水的暴露贡献率为 10%),而对亲脂性很高的化学物质,RSC 的默认值取为 0.01。在很少的情况下可以应用基于实际数据确定的 RSD。

各机构设定的 RSC 的默认值如表 5.2 所示。

表 5.2 各机构设定的 RSC 的默认值(Howd 和 Brown,2004)

化学物质名称	美国加州	美国环境保护署	世界卫生组织	加拿大卫生组织
乙醛	—	0.2		0.2
锑	0.4	0.4	0.1	0.38
[农药]莠去津	0.2	0.2		
钡	1	1	1	1
铍	0.2	0.2		
镉	0.2	0.25	0.1	0.12
卡巴呋喃	0.2	0.2	0.1	0.2
四氯化碳	0.4	—	0.1	
氯丹	0.2	—	0.01	
铬	—	0.7		
铜	0.8	1	1	
氰化物	0.2	0.2		(1)
茅草枯	0.8	0.2		
二溴氯丙烷	0.8	NA		
1,2-二氯代苯	0.2	0.2		0.2
1,4-二氯代苯	0.2	NA		
1,1-二氯乙烷	0.2	NA		
1,2-二氯乙烷	0.6	NA		
1,1-二氯乙醚	0.2	0.2		0.1
1,2-二氯乙醚		0.2		
二氯甲烷	0.2	NA	0.1	
二氯苯氧乙酸	0.2	0.2	0.1	0.2
1,2-二氯丙烷	0.4	NA		
1,3-二氯丙烷	0.2	NA		

续表

化学物质名称	美国加州	美国环境保护署	世界卫生组织	加拿大卫生组织
苯二甲酸二乙基己基酯	0.2	NA	0.01	
地乐酚	0.8	0.2		0.2
敌草快	0.2	0.2	0.1	
茵多杀	0.2	0.2		
异狄氏剂	0.2	0.2	0.1	
乙苯	0.2	0.2		
二溴化乙烯	0.6	NA		
氟化物	1		1	0.5
草甘膦	0.2	0.2	0.2	0.2
七氯	0.2	NA		
六氯苯	0.2			
六氯丁二烯	0.4	0.2		
铅	0.2			0.098
林丹	0.2	0.2	0.01	
汞	0.2	0.2	0.1	0.05
甲氧氯	0.2		0.1	0.2
镍	0.3	0.2		
硝态氮	1	(0.5)		1
亚硝态氮	1	(0.5)		1
五氯苯酚	0.8	0.2		0.2
高氯酸盐	0.6	NA		
毒莠定	0.2	0.2		0.2
西玛津	0.2	0.2		0.2
1,1,2,2-四氯乙烷	0.8	NA		
四氯乙烯	0.03	NA		0.1
铊	0.2	0.2		
硫化物	0.2			
甲苯	0.4	0.2	0.1	
1,2,4-三氯代苯	0.2	0.2		
毒杀芬	0.8	NA		

第三节 国内外环境基准现状

一、各国环境基准与标准

各国出于环境保护的需要，同时为了保证环境法规的公正性、准确性，都对环境质量基准研究给予了高度重视，并投入了大量人力和物力，系统地开展了水环境质量基准、土壤环境质量基准、沉积物质量基准、地下水质量基准和大气环境质量基准的研究。相比较而言，对水环境质量基准的研究则更多一些，其次是对大气环境质量基准、土壤环境质量基准的研究。而对沉积物质量基准和地下水质量基准的研究要晚一些，资料也相对少一些。

近年来，国际上在环境质量标准制定和修订方面，取得了前所未有的成就和进展，其发展出现了3大特点：①各种参数不断增加，不仅包括各种传统污染物，还涉及多溴联苯醚(PBDEs)等一些新型污染物，甚至包括物理性和生物性污染物；②确定的阈值浓度建立在更广泛的生物受体上，使其数值更加准确；③考虑了更多的环境因素和实际污染情况。

美国是最早开始水质基准研究的国家，1952年美国加利福尼亚州发布了州水质基准，描述了8个主要水体用途以及主要污染物的浓度－效应关系。1966年美国全国技术顾问委员会为5类水体用途制定了全国的水质基准，将其从一系列浓度－效应水平改为能够保证保护水生态环境质量和指定水体用途可持续性的推荐浓度。1974年美国环境保护署(USEPA)首次发布《水质基准文件蓝皮书》，之后USEPA根据最新的科学进展对水质基准进行不断更新，包括对现有基准的修订以及制定新的水质基准，并先后于1976年、1986年、1999年、2002年、2004年和2006年分别发布了一系列水质基准文件。自1986年的《水质基准金皮书》开始，基准的保护对象明确为主要针对水生生物和人体健康。书中大部分项目的基准是根据1980年颁布的人体健康基准推导方法学文件和1985年的《推导保护水生生物及其用途的定量化国家环境水质基准的指南》进行的修订。到2006年，水质基准包括了120个优先控制污染物、47个非优先控制污染物基准和23个感官效应基准。

加拿大在环境质量标准制定与修订上具有其自身的特色。针对大气、水和陆地生态系统质量的保护目标和资源利用特点，加拿大提出并颁布了大气环境质量标准、饮用水质标准、娱乐水质标准、保护水生生物水质标准、农业用水(灌溉水和家畜用水)保护水质标准、保护水生生物的沉积物质量标准、保护环境和维护人体健康的土壤质量标准和以水生生物为消费对象的野生生物保护的组织残留标准。这些标准的主要目标有：①提供国家层面上的基准以评价资源利用过程中产生的潜在的和实际的损害；②为特定场地基准、准则、目标或标准指标的建立提供科学依据；③为有毒物质在区域、国家或国际层面上的环境管理战略提供科学目标;④为追踪持久性、生物累积性和毒性化学物质直至在环境中的实质清除提供临时管理目标;⑤为环境中持久性、生物累积性和毒性物质现有浓度水平下的风险评价提供科学依据;⑥作为环境中持久性、生物累积性和有毒物质的生态毒理学相关浓度的指示,是改善分析检测水平和提高定量能力的目标;⑦为污染场地的评价与修复提供科学的基准和目标。

法国环境部和水务局根据现有所谓的 SEQ-Eau 法国框架,对水框架指令中列出的 28 种农药和 10 种优先污染物进行了环境质量标准的推导和制定。与其他现有框架相同,SEQ-Eau 主要依靠标准毒性试验结果和评价因子的应用。但是由于缺乏慢性毒性数据,其中的许多标准只是暂时的。内分泌干扰物等一些新出现的环境问题尚未考虑。

为了达到欧洲议会指令 2000/60/EC 所要求的保护目标,意大利环境部制定了相关优先控制污染物的地表水、沉积物和生物群落的质量标准。其中列出的这些优先污染物来自于欧洲议会的 2455/2001/EC 号决议和 2001 年 11 月 20 日的理事会会议指令。特别是从保护海洋环境出发,意大利条例指出,从 2021 年 1 月 1 日开始,意大利海洋和泻湖水体中优先控制有害物质的浓度必须接近天然物质(如重金属)的背景值,对于一些人为合成的物质或化学品必须接近零。根据指令 2000/60/EC,意大利环境部于 2003 年签发了 367 号法令,包括 160 项参数的水环境质量标准值和 27 项参数的沿海海域、泻湖和沿岸池塘中沉积物的环境质量目标值。分两步实施,分别规定了 2008 年和 2015 年需要达到的目标。

日本以保护人类健康和生活环境为目标,制定了大气污染、地表水及地下水水质污染、土壤污染及噪音相关的环境基准,并特别针对二噁英类化学物质制定了大气、水体及沉积物、土壤的相关基准。大气污染环境基准包含常规污染物、甲苯等有害大气污染物、二噁英类物质、$PM_{2.5}$ 及导致光化学烟雾生成的烃类物质。水质污染基准包含保护人类健康的基准及保护生活环境的基准(河流、湖泊及海域)。基准值依据科学的发展不断进行更新。

我国环境标准体系已初具规模,包括环境质量标准、污染物排放与控制标准、标准样品、环境保护行业标准及其他国家环境保护标准。在环境质量标准方面,尤其是《地表水环境质量标准》从 1983 年开始颁布实施以来,迄今已经修订了 3 次;在排放标准方面,出台了火电厂、水泥工业、啤酒酿造业、医院废物处理处置、医院污水、城市生活污水、机动车排放控制等重要标准;在环境保护管理技术规范方面,制定了一系列环境影响评价导则、环境监测方法标准和监测技术规范、环境工程技术规范、清洁生产标准。可以说,我国的大气质量标准和水质标准经过多年的发展和修订,基本形成了一个相对完整的标准体系。

就我国的水质标准来说,它主要包括生活饮用水卫生标准、地表水环境质量标准、地下水质量标准、海水水质标准、渔业水质标准和农田灌溉水质标准等。其中,生活饮用水卫生标准(GB 5749—1985)就比较完善,有关生活饮用水水质常规检验项目及限值包括:①感官性状和一般化学指标涉及色度、浑浊度、嗅和味、肉眼可见物、pH 值、总硬度(以 $CaCO_3$ 计)、铝、铁、锰、铜、锌、挥发酚类(以苯酚计)、阳离子合成洗涤剂、硫酸盐、氯化物、溶解性总固体和耗氧量(以 O_2 计);②毒理学指标有氟化物、氰化物、砷、硒、汞、镉、铬(Ⅵ)、铅、银、硝酸盐(以 N 计)、氯仿、四氯化碳、苯并[a]芘、DDT 和六六六;③细菌学指标涉及细菌总数、总大肠菌群、粪大肠菌群和游离氯;④放射性指标,有总放射性和放射性等两项。加上非常规检验项目及限值和饮用水源水中有害物质的限值,其包括的污染物参数,基本上能够覆盖存在于饮用水中的绝大多数污染物。

从总体上来看,我国土壤环境标准的建立工作,远滞后于大气、水环境标准的建立工作。我国于 1995 年制定的土壤环境质量标准(GB 15618—1995),已经基本不适应新形势下对土壤环境尤其是农田土壤的保护。特别是其选择的污染物参数极少,有机污染物只有 DDT 和六六六。尽管土壤环境中可能仍然有较高浓度的残留,但它们已经属于被禁止使用范畴,一些更为重要的有机污染物没有被包括。重金属污染物也不全,只有 Hg、Cd、Pb、As、Cr、Ni、Cu 和 Zn 等 8 种,而且根本没有污染土壤的修复标准。

二、中外标准的比较

1. 空气环境质量标准

早在 1982 年,我国就制定并发布了首个环境空气质量标准《大气环境质量标准》(GB 3095-1982)。1996 年进行了第一次修订,并更名为《环境空气质量标准》(GB 3095-1996)。2000 年又发布了《〈环境空气质量标准〉(GB 3095-1996)修改单》(环发〔2000〕1 号)。在过去近 30 年中,我国各阶段的环境空气质量标准适应当时社会经济发展水平及环境管理的需求,在改善环境空气质量、保护人体健康和生态环境等方面发挥了重要作用。为适应新时期环境空气质量管理需求,环境保护部于 2008 年下达了修订《环境空气质量标准》(GB 3095-1996)项目计划,由中国环境科学研究院牵头,中国环境监测总站参加修订工作。由大气科学、环境健康、环境管理等专业领域研究人员组成的编制组,历经 3 年多的努力,收集并分析了美国、欧盟、日本、世界卫生组织(WHO)等多个国家、地区和组织的相关资料,经过多方专家论证及征求社会意见,反复修改形成了目前的《环境空气质量标准》(二次征求意见稿)。表 5.3 将我国现行《环境空气质量标准》(GB 3095—1996)及二次征求意见稿中的建议值与世界卫生组织 1995 年更新的《关于颗粒物、臭氧、二氧化氮和二氧化硫的空气质量准则》及美国环境保护署发布的《全国环境空气质量标准》进行了比较。

可以得出如下结论。

① 我国现行的《环境空气质量标准》与美国及世界卫生组织共同的监测污染物有二氧化硫(SO_2)、一氧化碳(CO)、二氧化氮(NO_2)、臭氧(O_3)及可吸入颗粒物(PM_{10})、

第五章 环境基准制定与修订

表 5.3 中外大气质量基准/标准的比较

污染物名称	浓度单位 mg/m³ (标准状态)	取值时间	我国现行标准 一级标准	我国现行标准 二级标准	我国现行标准 三级标准	我国修订标准(二次征求意见稿) 一级标准	我国修订标准(二次征求意见稿) 二级标准	美国	世界卫生组织 指导值	世界卫生组织 过渡期目标 1	世界卫生组织 过渡期目标 2	世界卫生组织 过渡期目标 3
二氧化硫 SO_2		年平均	0.02	0.06	0.1	0.02	0.06		0.02			
		日平均	0.05	0.15	0.25	0.05	0.15			0.125	0.05	
		3小时平均						0.5				
		1小时平均	0.15	0.5	0.7	0.15	0.5	0.075	0.5			
		10分钟											
总悬浮颗粒物 TSP		年平均	0.08	0.2	0.3	0.08	0.2					
		日平均	0.12	0.3	0.5	0.12	0.3					
可吸入颗粒物 PM_{10}		年平均	0.04	0.1	0.15	0.04	0.07	0.15	0.02	0.07	0.05	0.03
		日平均	0.05	0.15	0.25	0.05	0.15		0.05	0.15	0.1	0.075
细颗粒物 $PM_{2.5}$		年平均				0.015	0.035	0.015	0.01	0.035	0.025	0.015
		日平均				0.035	0.075	0.035	0.025	0.075	0.05	0.0375
氮氧化物 NO_x		年平均	0.05	0.05	0.1	0.05	0.05					
		日平均	0.1	0.1	0.15	0.1	0.1					
		1小时平均	0.15	0.15	0.3	0.25	0.25					
二氧化氮 NO_2		年平均	0.04	0.04	0.08	0.04	0.04	0.053	0.04			
		日平均	0.08	0.08	0.12	0.08	0.08					
		1小时平均	0.12	0.12	0.24	0.2	0.2	0.1	0.2			

续表

污染物名称	浓度单位	取值时间	我国现行标准 一级标准	我国现行标准 二级标准	我国现行标准 三级标准	我国修订标准（二次征求意见稿）一级标准	我国修订标准（二次征求意见稿）二级标准	美国	世界卫生组织 指导值	世界卫生组织 过渡期目标1	世界卫生组织 过渡期目标2	世界卫生组织 过渡期目标3
一氧化碳 CO	mg/m³（标准状态）	日平均	4	4	6	4	4					
		1小时平均	10	10	20	10	10	9				
臭氧 O₃		日最大8小时平均				0.1	0.16	0.075				
		1小时平均	0.12	0.16	0.2	0.16	0.2					
铅 Pb		年平均		1		0.5	0.5					
		季平均		1.5		1	1	0.15				
苯并[a]芘 B[a]P	μg/m³（标准状态）	年平均				0.001	0.001					
		日平均		0.01		0.0025	0.0025					
		1小时平均		7[①]		7[①]						
氟化物 F	μg/(dm²·d)	月平均		20[①]		20[①]						
			1.8[②]	3.0[①]		1.8[②]	3.0[①]					
		植物生长季平均	1.2[②]	2.0[①]		1.2[②]	2.0[①]					

另外,根据我国的环境空气污染特征和质量管理需求,我们还监测了总悬浮颗粒物(TSP)、氮氧化物(NO_x)、铅(Pb)、苯并[a]芘(B[a]P)及氟化物(F)。但是,我国却没有将粒径在 2.5 μm 以下的细颗粒物 $PM_{2.5}$ 列入监测项目。

② 我国现行《环境空气质量标准》中的 NO_2 一级标准年平均值与 WHO 的指导值 AQG 相同,低于美国的浓度限值,1 小时平均值低于 WHO 的 AQG 值,高于美国的浓度限值;CO 的各级标准 1 小时浓度值均小于美国的浓度限值;而 Pb 的季平均值要远远大于美国的浓度限值;SO_2 的 24 小时平均值和 1 小时平均值要高于 WHO 的 AQG 及美国的浓度限值;PM_{10} 的一级标准年均值要高于 WHO 的 AQG 值,但低于美国的浓度限值,一级标准的 24 小时平均值与 WHO 的 AQG 值相同。总体来看,有的监测项目的标准值低于 WHO 的指导值及美国的浓度限值,比 WHO 及美国的标准更严格,但还是高于 WHO 及美国标准值的监测项目居多。

③ 为了进一步满足保护人体健康和生态环境的要求,与世界基准接轨,我国《环境空气质量标准》修订二次征求意见稿新增加了 $PM_{2.5}$ 浓度限值以及 O_3 的 8 小时浓度限值。此外,根据国家重金属污染防治的有关要求,在资料性附录中增加了重金属汞、镉、铬、砷的推荐项目,供地方制定空气质量标准时参考。本次修订标准直接参考了世界卫生组织、美国和其他国家的水质基准或水质标准限值。拟修订标准一级标准的年和 24 小时平均浓度限值分别为 15 和 35 μg/m³,与美国的标准下限值一致,也与 WHO 过渡期第 3 阶段目标值基本一致;二级标准按照 $PM_{2.5}$ 与 PM_{10} 的浓度限值之间的比例为 50%确定,年和 24 小时平均浓度限值分别为 35 和 75μg/m³,修订后的二级标准与 WHO 过渡期第 1 阶段目标接轨。

2. 水环境质量标准

在过去 20 多年的时间里,中国相继制定了一系列相关的法规和水质标准,并分别进行过多次修订。现行标准主要有《地表水环境质量标准》(GB 3838—2002)、《地下水质量标准》(GB/T 14848—1993)和《生活饮用水卫生标准》(GB 5749—2006)。标准选择的项目、标准值的确定尽可能结合我国实际状况,并力求与国际标准发展趋势保持一致。现将我国现行《地表水环境质量标准》和《生活饮用水卫生标准》与美国环境保护署 2006 年水质基准及世界卫生组织《饮用水水质准则》做一比较分析(表 5.4)。

①从指标选取来看,我国现行的《地表水环境质量标准》和《生活饮用水卫生标准》分别涉及 109 种和 106 种污染物项目。增加了大量目前国际上较为关注的有机污染物的指标,包括一些国外基准表中没有给出推荐值的污染物。例如,优先控制污染物金属银,非优先控制污染物金属铝,有机农药类污染物包括对硫磷、马拉硫磷和内吸磷以及消毒副产物氯化物。WHO 没有给出推荐值的原因为:没有获得足够的有关银和铝的人体健康毒性资料。对于这几种农药类污染物,WHO 认为饮水中可能存在的浓度远低于对人体产生毒害作用的浓度。对于氯化物 WHO 认为饮水中存在的浓度水平不足以对健康产生影响。我国标准中的这些污染物限值需要依据风险评价理论作

进一步的探讨。

②从浓度限值来看,我国水质标准的许多限值都直接参考了美国、WHO 和欧盟等国家和组织的水质基准和水质标准限值。其中,40 种污染物的标准限值直接采用 USEPA 及 WHO 的水质推荐值。其中的 16 种优先控制污染物中有 14 种与 WHO 的水质准则限值相同,具体为硒、砷、铬(六价)、铅、二氯甲烷、1,2-二氯乙烷、四氯乙烯、六氯丁二烯、苯、邻苯二甲酸二-(乙基己基)酯、甲苯、乙苯、1,2-二氯苯和 1,4-二氯苯,而硝基苯和石棉这两种污染物限值同 USEPA 人体健康基准值一致;非优先控制污染物有 6 种与国外基准限值相同,其他类污染物项目中共有 18 种污染物的标准值与 WHO 的水质标准值一致。

表 5.4 中外水质基准/标准的差异(mg/L)

物质	USEPA2006 年水质基准 保护人体健康		中国《地表水环境质量基准》(GB 3838—2002)	中国《生活饮用水卫生标准》(GB 5749—2006)	WHO《饮用水水质准则》(第三版)
	水+生物	消费生物			
铜	1.3	—	1(Ⅲ类)	1	2
锌	7.4	26	1(Ⅲ类)	1	—
汞	—	—	0.0001(Ⅲ类)	0.001	0.006
丙烯醛	0.19	0.29	0.1	0.1	
邻苯二甲酸二丁酯	2	4.5	0.003	0.003	
1,1-二氯乙烯	0.33	7.1	0.03	0.03	
锑	0.0056	0.64	0.005	0.005	0.02
镍	0.61	4.6	0.02	0.02	0.07
铊	0.00024	0.00047	0.0001	0.0001	
银	—	—		0.05	
邻苯二甲酸二乙酯	17	44		0.3	
氯化物	—	—	250	250	
对硫磷			0.003	0.003	
马拉硫磷			0.05	0.25	
内吸磷			0.03	—	
铝				0.2	
pH	5~9		6~9	6.5~8.5	
甲基汞	—	0.3mg/kg	1.0×10^{-6}		

③对于不少优先控制污染物,我国的水质标准值 WHO 和 USEPA 给出的基准限值更为严格。如国际上十分关注的 10 种优先控制污染物,包括 4 种有机污染物和 6 种金属。由表 5.4 可以看出,我国邻苯二甲酸二丁酯 0.003 mg/L 的标准值明显严于 USEPA 的两类保护人体健康的基准值,即消费水和生物的 2 mg/L 和只消费生物的 4.5 mg/L;邻苯二甲酸二乙酯 0.3 mg/L 的标准值也明显严于 USEPA 的两类保护人体健康的基准值,即消费水和生物的 17 mg/L 和只消费生物的 44 mg/L。同样 1,1-二氯乙烯和丙烯醛也分别低于 USEPA 的两类标准。6 种金属污染物中,锌和镍的标准限值明显严于 USEPA 和 WHO 的水质基准值,其中镍的标准值分别严于 USEPA 相应限值的 13 倍和 WHO 准则值的 3 倍之多。铜、锑、铊这 4 种金属标准值也都小于国外水质标准。

3. 药用植物中有害物质限量标准

根据我国食品及药品安全管理的需要,我国陆续颁布了一系列有关食品及中药的国家标准及行业标准。食品相关标准主要包括《食品中污染物限量标准》(GB 2762—2005)、《食品中铜限量卫生标准》(GB 15199—1994)、《食品中锌限量卫生标准》(GB 13106—1991),以及一系列无公害食品、绿色食品行业标准。有关中药中有害物质含量的限量标准,主要有《中国药典》Ⅰ部(2010 年版)及《药用植物及制剂进出口绿色行业标准》(WM/T 2—2004),规定了主要有毒有害重金属及有机氯农药等污染物的浓度限值。上述标准的建立与实施为我国食品及药品安全提供了有力保证。下面仅就中药中污染物限量标准与国外标准做一比较。

《中国药典》Ⅰ部(2010 年版)规定了 23 种药材及饮片的重金属含量浓度限值,其中原药材 19 种,饮片 4 种。限量要求为含重金属铅(Pb)≤5.0 mg/kg,镉(Cd)≤0.3 mg/kg,汞(Hg)≤0.2 mg/kg,铜(Cu)≤20.0 mg/kg,砷(As)≤2.0 mg/kg。该限量标准与《药用植物及制剂进出口绿色行业标准》中所规定的绿色药用植物及制剂的重金属及砷盐的限量指标相一致。需要补充的是,不同于其他药材《中国药典》Ⅰ部(2010 年版)对石膏、玄明粉的砷盐的规定为 ≤20 mg/kg,对芒硝和西瓜霜的规定为 ≤10 mg/kg,对阿胶的规定为 ≤3 mg/kg。

目前国外对中药材重金属的限量亦无完整标准。WHO(世界卫生组织)对中草药产品仅规定了铅、镉限量。而《美国药典》(USP)和《美国国家处方集》(NF)收载的 71 种中药材中,有重金属限量的品种仅为 18 种。《英国药典》和《欧洲药典》的植物药品种虽然较多,但其生药和粉末,除墨角藻(fucus)、菊粉(inulin)外,均无重金属和农药残留量的限定。《日本药局方》收载植物来源的生药 172 种,其中有重金属和农药残留量限定记载的仅 5 种,收载 992 种药材及中药成方制剂,其中有重金属限量要求的 18 种,包括矿物药 6 种、动物药 1 种、挥发油 5 种、加工品和制剂 6 种,无植物性药材。各国及 WHO 有关中药中重金属及砷盐限量标准很不一致,参见表 5.5。

表 5.5　部分国家或地区中草药重金属限量标准(mg/kg)

不同国家和地区	重金属总量	As	Hg	Cd	Pb	Cu
中国	20	2	0.2	0.3	5	20
香港	—	2	0.2	—	5	0.3
澳门	—	5	0.5	—	20	150
新加坡	—	5	0.5	5	20	150
马来西亚	—	5	0.5	—	10	—
泰国	—	4	—	0.3	10	—
韩国	30	3	0.2	0.3	5	—
日本	50	2	—	—	20	—
德国	—	—	0.1	0.2	—	—
英国	—	5	—	—	5	—
加拿大	—	5	0.2	0.3	10	—
美国	10—20	3	3	—	—	—
WHO	—	—	—	0.3	10	—

《中国药典》只对甘草和黄芪规定了有机氯类农药残留量的限定标准,包括六六六(总 BHC),滴滴涕(DDT)和五氯硝基苯(PCNB)。规定甘草和黄芪的限量为总 BHC $\leqslant 0.2$ mg/kg,总 DDT$\leqslant 0.2$ mg/kg,PCNB$\leqslant 0.1$ mg/kg。韩国、日本、美国、英国及欧洲药典除规定了有机氯类农药残留外,还规定了有机磷类、菊酯类等农药的限量。各国主要农药限量见表 5.6。

表 5.6　规定的农药种类及限量要求(mg/kg)

种类	中国药典	WM/T 2—2004	香港[1]	日本药典	韩国[2]	欧洲[3]药典	美国药典
总 BHC	0.2	0.1	0.3	0.2	0.2	0.3	0.3(不含林丹)
总 DDT	0.2	0.1	1.0	0.2	0.1	1.0	1.0
PNCB	0.1	0.1	1.0		0.1	1.0	1.0
对硫磷				0.5		0.5	0.5
甲基对硫磷				0.2		0.2	0.2
杀扑磷				0.2		0.2	0.2

续表

种类	中国药典	WM/T 2-2004	香港[1]	日本药典	韩国[2]	欧洲[3]药典	美国药典
马拉硫磷						1.0	1.0
氰戊菊酯						1.5	1.5
氯氰菊酯						1.0	1.0
林丹				0.6	0.6		0.6
异狄氏剂					0.05	0.05	
除虫菊酯				3.0			3.0
艾氏剂		0.02			总和 0.05		
狄氏剂							
六氯苯					0.1		
七氯					0.05		
氯丹					0.05		

注:1. 农药限量的适用范围

① 有机氯类农药

中药材(生药农药残留量的行业标准)适用范围:黄芪、远志、甘草、桂皮、细辛、山茱萸、苏叶、大枣、陈皮、枇杷叶、牡丹皮。

中药制剂(汉方及生药制剂农药残留量的行业标准)适用范围:含有黄芪、远志、甘草、桂皮、细辛、山茱萸、苏叶、大枣、陈皮、枇杷叶、牡丹皮、人参、红参、番泻叶的汉方及生药制剂。

② 有机磷类农药适用范围:含有远志、山茱萸、苏叶及陈皮的汉方制剂。

③ 菊酯类农药适用范围:含有远志、苏叶、大枣、陈皮及枇杷叶的汉方制剂。

2. 韩国(药品安全厅公示)对中药中农药残留限量标准除上述所列外,还有其他农药种类。另外还对不同中药中残留农药的种类、限量作了相应的规定。

3. 欧洲药典中规定草药中限量农药的种类除上述几种外,还包括毒虫畏、二嗪农、敌敌畏等总共 34 种农药。美国药典规定的也为 34 种。

由上面表格可见,《中国药典》Ⅰ部(2010 年版)和《药用植物及制剂进出口绿色行业标准》对重金属总量和种类做出的相关限定,与 WHO 及其他国家的相关标准相当,个别金属(Cu)还要严格一些。国内外有关药用植物标准存在的普遍问题是所规定的重金属种类偏少,例如多数国家对重金属镍、铬的含量未作限定,而且标准的适用药材种类很少。还需要进一步加强药用植物重金属限量标准建立的基础研究。同时,我国急需建立有机磷类、菊酯类等农药的限量标准,与国际基准接轨,保证药材安全,满足进出口药材管理需求,促进中药产业发展。

三、我国环境基准及标准制定的思考

通过中外环境基准与标准的对比,发现我国现行标准涉及的化学物质种类有很大的增加,缩小了我国标准与国际标准的差距,很多污染物的标准限值直接采用了世界卫生组织、美国或欧盟等组织及国家的基准和标准,有些污染物的标准值甚至比WHO或美国等发达国家的标准值还要低,基本与国际基准接轨。但还是存在标准所规定的污染物种类偏少,不能充分满足环境管理与食品药品安全管理的需求,支持基准与标准设定的基础研究欠缺的问题。因此,如何加强我国环境基准与标准建设,应从以下方面着手。

(1)加强我国的环境基准体系研究。借鉴国外发达国家及世界卫生组织的环境准则十分重要,特别对缺乏早期研究的发展中国家。国外环境基准的普适性有一定的局限。特别是我国地域广阔,污染特征与国外明显不同,生物区系也有别于其他国家,人种、饮食习惯和生活习惯亦有所差异,直接参考其他国家的水质基准来制定我国的水质标准,势必会降低我国水质标准的科学性,导致保护不够或过保护的可能性。因此,必须构建适合我国区域特点和人群特征的基准体系,为制定科学、合理、可操作且符合我国国情的环境标准提供依据。

(2)基于环境风险分析理论制定基准。我国环境基准研究相对滞后,目前尚未建立起适宜的保护我国生态系统和人体健康的环境基准体系,对基准在标准体系中的作用也能缺乏足够的重视。因此,除借鉴国外发达国家水质基准限值外,更重要的是借鉴他们制定水质基准的理论、技术和方法,基于生态风险评价及健康风险评价理论,建立起基于我国物种毒性实验和人群流行病学调查数据的保护生态系统和人体安全的环境基准体系。

(3)考虑我国国情制定环境标准。我国的环境污染状况、技术水平及经济能力均与其他国家有显著差异,因此制定环境标准时,要在环境基准的基础上考虑上述影响要素,制定符合我国国情的切实可行的环境标准。特别需要指出的是,在目前我国还没有充分开展环境基准研究,标准值主要参考国外发达国家环境基准数据的现有形势下,首先要根据我国特点对国外基准值进行修正,才能增加环境标准的适应性和实用性。另外,我国在制定环境基准和标准时除须对现行环境质量的风险进行综合评估外,更应对标准中拟增减或修改的项目做详细的风险评估,提供改善指标的可行污染控制措施并进行成本－效益分析,这样制定的标准采更具实用性、可行性和科学性。

(4)完善我国环境标准制定体系。美国及世界卫生组织制定环境基准的目的侧重保护人体健康和生态系统安全。而我国环境标准以化学和物理标准为主,更偏重于对环境介质资源用途的保护。我国现有环境标准的实施并不能保障人体健康风险在可接受水平。因此,随着我国环保意识的不断增强,必须更加准确地划定环境功能,制定合理的环境保护目标,科学识别重点污染物,实行侧重于保护人体健康和生态系统安

全的环境标准体系。

第四节 案例研究

一、从废水污泥农用的重金属风险评估考察土壤及农用污泥现有国家标准

污泥农用是我国最主要的利用和处置污泥的方法,因为它在增强土壤肥力改善土壤条件方面有很好的效果。20多年来,污水处理厂产生的大量废水污泥被施用到北京、天津、上海等大城市周围的农田。多数情况下,污泥未经过任何稳定处理就直接施用到地里。污泥的利用几乎涉及我国所有的主要粮食作物及蔬菜。

工业废水排放到下水道会导致下水污泥中出现较高浓度的重金属、邻苯二甲酸酯和多环芳烃(PAHs)等有机化学物质。因此,污泥的反复利用是植物组织中重金属累积的主要原因之一。十余年来农用污泥的定期分析表明,随着污泥使用年数的增加,土壤中的汞(Hg)和镉(Cd)的浓度显著增大(图5.2)。

为了保护土壤和农产品免受重金属污染,《农用污泥中污染物控制标准》(GB 4284—1984)于1984年制定,并于1985年实施。此标准对污泥中重金属和一些有机污染物的允许浓度做了一系列的规定。此后,基于全国土壤背景值调查数据以及土壤环境容量的研究,全国《土壤环境质量标准》(GB 15618—1995)于1996年制定并付诸实施。上述标准为评估污染程度提供了量化标准,并促进了污染治理措施的实施。然而,这两个标准并未考虑到污泥农用对人类健康的长期全面的影响。那么,符合上述两个标准的污泥利用方式能否确保人类健康免受重金属毒性的影响呢?

本案例研究的目的是基于环境风险评价理论,评估我国天津市周边农田使用城市废水污泥多年后,居民对砷(As)、汞(Hg)、镉(Cd)、锌(Zn)、镍(Ni)等重金属的暴露量,检验上述两个标准的妥当性。在许多发达国家,风险评估已经发展成为进行污染控制管理决策的关键。在美国,基于人类健康风险评价的城市下水污泥使用和处置标准已经建立。日本已于1993年修订饮用水和空气的环境质量标准时,开始考虑到有毒化学品的风险评估。

1. 中国天津的污泥利用

天津是一个工业大都市,位于北京东南约137 km,面临渤海。它由一个人口稠密的市区、三个滨海区、四个郊区、五个县组成,总人口948万。主要工业包括纺织、轻工、化工、机械制造、电子和冶金。主要粮食作物是小麦、大米和玉米,耕地总面积425.75×10^3公顷。随着农业的发展,天津郊区农民为城镇人口提供了大部分的蔬菜。

天津地区有19条主要河流,海河将城区一分为二。为了防止天然河流(饮用水

源)的污染,挖掘了两条排污河——北排污河和南排污河,将城区废水引入渤海湾。区内正在运行的大型污水处理厂有两个(东郊和纪庄子污水处理厂,日处理能力分别为0.4万和0.26万t),污水处理总量约相当于1996年天津产生废水总量的30%,每年能够产生脱水污泥222652 t。

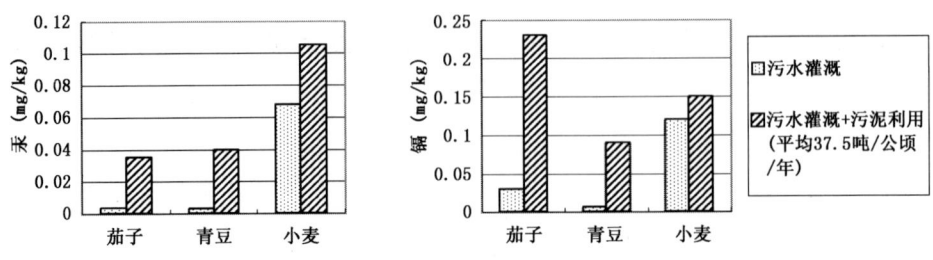

图5.2　污泥农用所致重金属在农作物中的累积(Yang和Kuboi,1989)

由于天津地区水资源短缺,近30年来大量排污河中的污水被利用来灌溉农田。未经处理的废水灌溉的农田总面积超过十万公顷。河流上游河段及排污河中的底泥被施用到两岸农田,以提高土壤肥力和农作物产量。大量污水处理厂的污泥也被应用到附近农田。土壤重金属的另一来源是由于燃煤排放到空气中的汞和硒的沉降。即使在高pH值的农田中,也已经在小麦、大米和蔬菜中检测到超过相关标准允许浓度的铜(Cu)、锌(Zn)、镉(Cd)、汞(Hg)。农作物和蔬菜的重金属污染状况如表5.7所示。由于信息有限,污泥的确切利用地点和利用量无法获知。污水排放系统和污泥施用区域的位置示意图如图5.3所示。

表5.7　天津地区未污染、污染、严重污染的作物和蔬菜的百分比(Tao等,1997)

	污染水平	砷	汞	镉	锌	铜	铅
小麦							
	无污染	100	27	55	40	0	100
	污染	0	63	39	60	95	0
	严重污染	0	0	6	0	5	0
大米							
	无污染	21	11	90	5	15	15
	污染	79	89	0	95	85	85
	严重污染	0	0	10	0	0	0
蔬菜							
	无污染	100	61	32	48	41	85
	污染	0	37	57	52	59	15
	严重污染	0	2	11	0	0	0

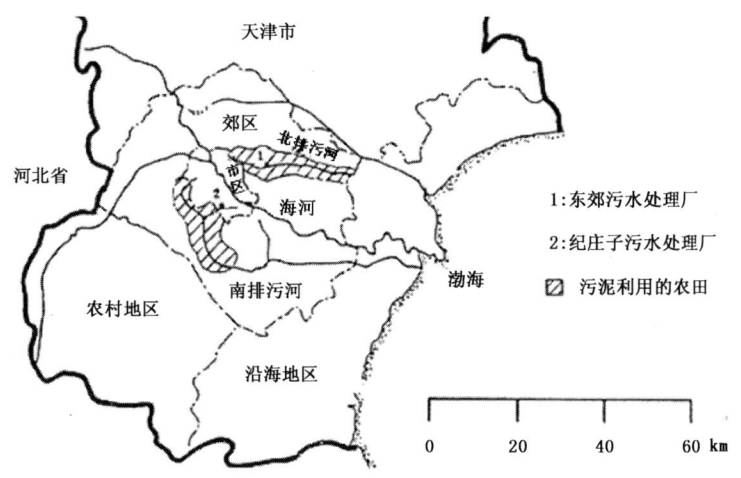

图 5.3 天津地区污水处理排放系统和污泥施用农田示意图

随着沿海和城郊地区更多工厂的建成,预计到 2020 年在中心区将建成 4 个新的污水处理厂以改善水质。这就意味着产生更多的污水污泥量,污泥管理也将引起更多关注。

2. 天津农用污泥中重金属的风险评估

风险评估过程包括风险识别、剂量反应评估、暴露评估和风险表征。天津废水污泥利用地区居民重金属暴露及健康风险的评价程序如下。

(1) 风险识别

各种有机污染物包括农药、多氯联苯、多环芳烃和邻苯二甲酸盐,是公认的农田土壤中的有害化合物,而重金属对土壤的污染还没有受到广泛关注。虽然大多数重金属不会致癌,摄入量超过参考剂量也可能会干扰酶的功效,并导致代谢过程的功能障碍。例如镉(Cd)能降低肾脏重新吸收血液中蛋白质的能力,导致肾小管功能障碍。此外,伴随着与 Cd 相关的肾脏功能严重损害也会对骨骼及矿物质代谢产生影响,例如日本的"痛痛病"。成年人过度的铅暴露会导致高血压、心肌梗塞、中风、死亡。儿童过度的铅暴露会影响代谢功能,导致血红素合成障碍及贫血。到目前为止,我国与重金属污染相关的流行病学综合数据比较欠缺。但存在一些特殊病例的数据,如生活在工业区和交通繁忙地区儿童的铅中毒,铅对玻璃加工厂女性工人神经系统的有害影响。第二松花江和蓟运河流域的渔民中出现了水俣病的神经症状。水俣病是由汞污染引起的,典型症状有隧道视野、肢体末端知觉异常、语言障碍等。

众所周知,重金属是农田土壤中具有生物蓄积性的有害物质。大多数重金属在土壤环境中的物质流动过程如图 5.4 所示,图中数字是经过 20 年的污水灌溉及污泥农用后天津农田土壤中 Cd 的输入输出量推定值。重金属的流入途径主要有空气沉降、灌溉及施肥。流出途径包括作物吸收,地表水径流和渗入地下水。随着含有高浓度重金属的废水污泥的重复利用,土壤不断地吸收这些有害物质,导致重金属的累积,最终污染土壤。图中的数值是天津经过 20 多年反复污水灌溉和污泥农用的土壤中 Cd 迁移量的估算值。该值的计算是基于杜和陈的估算方法,计算施肥和空气沉降中重金属迁移量的相关参数也是从他们的文章中获取的。灌溉污水中 Cd 的估计量基于以下假设:①灌溉率是 15000 t/公顷/年,②废水中 Cd 的浓度不应超过农田灌溉水质标准(0.005 mg/L)③没有降水的输入和地表水的流出。采用 22500 千克/公顷/年的污泥利用率估算源于污泥的镉的迁移量。沉积污泥中重金属的含量设为纪庄子污水处理厂产生的污泥中的 Cd 含量 6.8 mg/kg。可以看出,土壤中一半以上的 Cd 来自于农田施用的污泥,其他重金属的累积过程与此类似。由于可利用的数据有限,本案例仅评估了污泥中汞、镉、锌、镍和铅的健康风险。

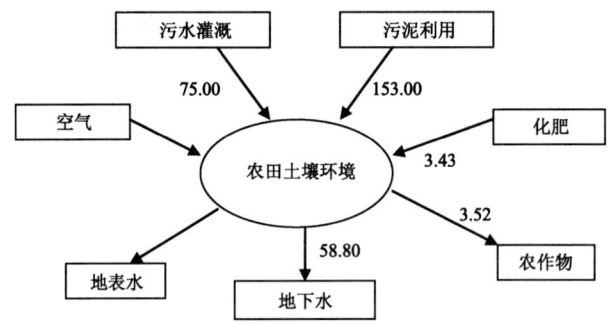

图 5.4 大多数重金属在土壤环境中的物质流动

(2)暴露评估

① 情景和暴露途径

图 5.5 所示为人类对施用污泥的农田中重金属的主要暴露途径。其中,主要考虑农作物、蔬菜和水果等的膳食摄入暴露途径。

a. 根据美国环境保护署提供的数据,Cd 通过土壤-牧草-牲畜-人类途径的饮食摄入量仅是土壤-农作物-人类途径的 0.088%。其他重金属的土壤-牧草-牲畜-人类途径与土壤-农作物-人类途径相比,也表现出类似的低比例。应该指出,天津地区的典型膳食中含有 12.31% 的肉类和奶制品,这只是美国平均水平的四分之一。此外,天津总种植面积中只有 0.28% 用来种植饲料,因此,此处不包括土壤-牧草-牲畜-人类途径。

b. 尽管鱼类和贝类也含有汞和镉等重金属,但它仅占天津地区膳食结构的 3.70%。

c. 根据联合国粮食及农业组织的"食物平衡表",在全球的饮食结构中,谷物、蔬菜、块根/块茎和水果占总消费食物鲜重的76%。废水中的污染物通过其他食物(乳制品、动物产品、油/油脂/起酥油、糖/蜂蜜等)转移到人体中的量很少。因此,假设谷物、蔬菜、块根/块茎、水果(此后简称农产品)的膳食摄入受到废水污泥利用的影响是合理的。此处不考虑其他膳食组分对重金属污染的贡献。

暴露人群分为三组:城镇个人(UI)、农村污泥利用个人(RSAI)和农村非污泥利用个人(RSNAI)。UI人群消费的食物从市场上购买,假设消费的食物中被污染部分的比例与天津地区施用污泥的农田面积与总耕地面积的比例相等。RSAI人群指居住在农村,利用城市污水处理厂的污泥或者利用排污河上游底泥到其农田的人群,并假设他们食用的农产品都受污泥施用的影响。RSNAI群体指居住地距离城区较远,没有利用城市污泥到其农田,消费的所有农作物均来自未受重金属污染的土壤,即土壤重金属浓度均在背景值水平。

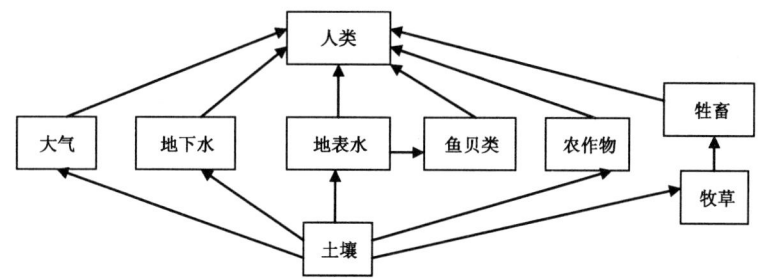

图 5.5 人类对污染土壤中重金属的主要暴露途径

② 污泥利用导致农田中的重金属累积

虽然天津的一些地区有土壤重金属浓度的监测值,但是几乎没有信息能用来评估土壤中的重金属有多少是来源于污泥利用。因此,采用物质平衡方程来估算土壤中由于污泥利用而产生的重金属的浓度。

$$MSH \frac{dCT_{ij}}{dt} = AR_i \cdot C_j - SP_j \cdot MSH \cdot CT_{ij} - k_j \cdot MSH \cdot CT_{ij} - RO_j \cdot CT_{ij}$$

(5.19)

式中,CT = 土壤中重金属浓度(mg/kg);t = 污泥利用的总年数;C = 污泥中重金属浓度(mg/kg);AR = 污泥的利用率(干重千克/公顷/年);MSH = 每公顷农田的土壤重量(20 cm深,千克/公顷);SP = 渗透率(%);k = 植物吸收率;RO = 径流率(千克/公顷/年);i = 粮食/谷物,蔬菜,根/块茎,水果等;j = 砷,锌,镉,汞,镍,铅。

如果考虑土壤重金属的初始浓度的背景值($CT_{ij}(0) = BC_i(t=0)$),方程的解为:

$$CT_{ij} = BC_j \cdot e^{-At} + \frac{B}{A}(1 - e^{-At})$$

(5.20)

其中,$A = SP_j + K_j + RO_j/MSH$,$B = AR_i \cdot C_j/MSH$

本案例采用天津地区农田重金属浓度的背景调查值作为初始浓度。假设受影响

土壤的总量为 1.5×10^5 kg/公顷(0~20 cm 耕层土壤)。农田污泥的应用率取决于所需氮的量。考虑污泥的含氮量和农业耕种方法,天津地区污泥的应用率设定为最高 22500 千克/公顷/年,使用平均超过 20 年。渗水率、径流率和植物对重金属的吸收率都基于杜庆民和沈伟然的研究。表 5.8 所示为纪庄子污水处理厂测定的污泥中的重金属浓度和 CSPSAU 设定的重金属允许水平。由于两处排污河底泥的重金属平均浓度在污水处理厂污泥重金属浓度变化范围之内,因此可以假设所有施用污泥具有与纪庄子污水处理厂产生的污泥相同的重金属成分。表 5.9 所示为天津农田土壤污泥来源重金属浓度的估算值。其中,土壤中砷、汞、镍的浓度利用 EPA 方法估算,因为这些重金属的渗水率,移动速度和植物吸收率都未知。表 5.9 还给出了天津郊区农田重金属的平均监测浓度,这个地区既有污水灌溉也有污泥利用。显而易见,除镍之外,土壤重金属浓度的监测值均大于估计值,这是因为监测浓度反映了污水灌溉、施肥、大气降尘及污泥利用的复合作用。

表 5.8　纪庄子污水处理厂污泥中重金属浓度(mg/kg)

	砷	镉	汞	锌	镍	铅
平均值	13.7	10.6	6.8	1368.6	130.5	350.7
最小值	10.5	8.68	5.36	1058.3	103.2	208.7
最大值	16.6	12.0	8.51	1667.9	153.5	452.2
标准值[a]	75	15	20	1000	200	1000

注:1. 阴影所示为超标值;2. [a]《农用污泥中污染物控制标准》(GB 4284—1984)。

表 5.9　天津农田土壤中来自污泥的重金属浓度 (mg/kg)

参数	砷	镉	汞	锌	镍	铅
估计值	10.02	1.79	1.30	277.41	44.46	81.15
测量值	13.61	4.18	1.83	318.77	41.13	94.17
背景值	9.28	0.033	0.16	60.91	27.25	16.7
标准值[a]	20[b]/25[c]	1.0	0.6	300.0	60.0	350.0

注:1. 阴影所示为超标值;2. [a]《土壤环境质量标准》(GB 15618—1995);3. [b] 水田;4. [c] 旱地。

③ 污泥施用农田中农作物组织中的重金属

基于两个实验研究的数据,采用回归分析,确定了水稻/小麦及农田土壤中重金属含量之间的定量关系。砷、汞、镉、铅的数据均来自盆栽实验,这些实验是土壤环境容量国家重点项目的一部分,土壤类型与天津地区相同。锌和镍的数据来自另一项研究,使用的也是天津的农田土壤。在这两项研究中,盆栽作物依照正常的生长季节种植。根据被分析的金属和作物的不同,得出的回归方程分别为线性或对数的形式。图 5.6 显示了镉、汞、锌在小麦和水稻中含量的回归曲线。表 5.10 总结了小麦和水稻针对所调查的 6 种重金属的回归系数、相关 t 值和 R^2 值。结果表明,作物(水稻和小麦)组织中的 6 种重金属(见表 5.10)浓度与土壤中重金属浓度是显著相关的。这些回归方程被用来估算天津污泥施用地区小麦和水稻中的重金属含量。

表 5.10 农作物与土壤中重金属含量的回归分析

		b_1(t 值)	R^2	显著水平	n
砷	大米	0.0077 (20.57)	0.988	0.01	6
	小麦	0.0042 (8.73)	0.916	0.01	8
汞	大米	0.0208 (12.55)	0.957	0.01	8
	小麦	0.0412 (16.39)	0.975	0.01	8
镉	大米	0.0169 (14.04)	0.975	0.01	6
	小麦	0.215 (38.05)	0.997	0.01	6
锌	大米	5.017 (31.40)	0.993	0.01	8
	小麦	12.06 (21.95)	0.986	0.01	8
镍	大米	0.0145 (16.72)	0.972	0.01	9
	小麦	0.0255 (18.37)	0.980	0.01	8
铅	大米	0.0691 (47.44)	0.997	0.01	8
	小麦	0.0016 (25.67)	0.989	0.01	8

Iimura 指出,大米对土壤中 Cd 的吸收很大程度上受土壤氧化还原电位的影响,这取决于覆盖在稻田上的水量。当土壤浸没在水中时(如大部分水稻作物在其生长季节),Cd 处于还原态,不会被植物吸收。然而,一旦土壤中的水干涸,Cd 直接接触空气,就会转变为氧化态。因此,将盆栽实验得到的数据应用到农田种植水稻可能不一定妥当。Watanabe 从中国各个城市收集了 218 种大米样品,并用原子吸收光谱法分析了 Cd 的浓度。大米中镉含量的几何平均值为 15.45 mg/kg,几何标准偏差为 3.72 mg/kg。在本研究中,基于上述盆栽实验结果推得的天津污泥应用区农田水稻中的 Cd 的水平在 21.97 mg/kg。这个值似乎有些过高,但它与相应的实测值数量级是相同的。因此,夏增禄等得到的回归方程可被用于此次天津地区土壤上栽培的大米中 Cd 的评估。

由于天津地区有关蔬菜、水果及其种植土壤中重金属浓度的数据有限,蔬菜和水果的重金属吸收率基于美国环保署的评估结果。表 5.11 列出了农产品中各重金属浓度的推定值及中国国家食品卫生标准中规定的相应的允许水平。

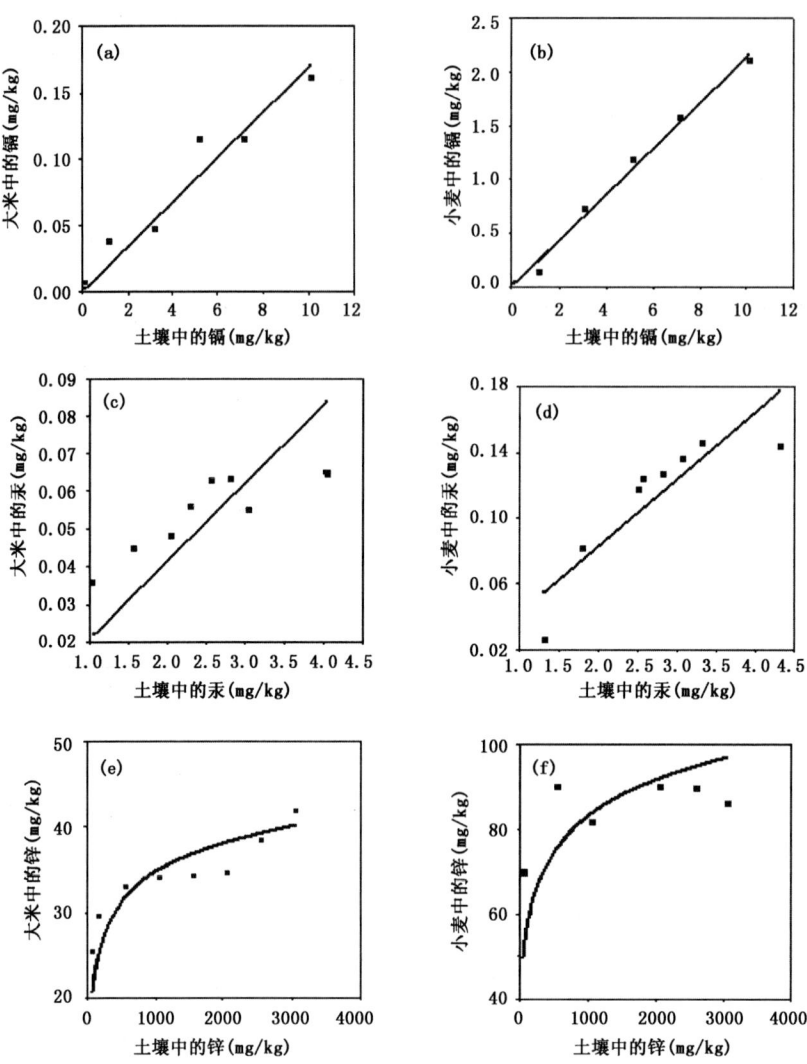

图 5.6　土壤和农作物中镉、汞、锌的浓度测定值及回归曲线

表 5.11　污泥施用农田中作物的重金属含量（mg/kg）

	大米	小麦	土豆	叶菜	水果
砷					
估计值	0.077	0.042	0.012	0.180	0.014
标准值	0.7	0.7	0.7	0.5	0.5
汞					
估计值	0.041	0.082	0.002	0.009	0.020

续表

	大米	小麦	土豆	叶菜	水果
标准值	0.02	0.02	0.01	0.01	0.01
镉					
估计值	0.022	0.280	0.005	0.145	0.059
标准值	0.2	0.1	0.1	0.05	0.03
锌					
估计值	28.223	67.843	3.884	31.320	7.157
标准值	50	50	ND	20	5
镍					
估计值	0.645	1.134	0.378	0.862	0.293
标准值	ND	ND	ND	ND	ND
铅					
估计值	0.304	0.130	0.081	0.304	0.162
标准值	ND	ND	ND	ND	ND

注：阴影区域中的数据为超标值；ND 表示无数据。

④ 人类对污染土壤中重金属的暴露

由农产品中重金属的浓度推定值，结合农产品的食用消费量和农作物在施用污泥土壤中种植的比例，可以定量评价当地居民对农田施用污泥中重金属的暴露量，公式如下。

$$EXP_j = \sum_i (CD_{ij}^b \cdot FC_i^b + CD_{ij}^s \cdot FC_i^s) \cdot DC_i \tag{5.21}$$

式中，EXP 表示对施用污泥土壤种植的农作物中重金属的暴露量(mg/kg/日)，CD 为农作物组织中重金属的浓度(mg/kg)，FC 为饮食施用污泥土壤中或未污染土壤中种植的农产品的比例，DC 为农产品的日摄入量(g/kg/日)，s 和 b 指是否有污泥利用。

此外，总暴露的估算还基于以下假设：两大污水处理厂的所有污泥都被应用到农田，污泥被应用到作物用地，蔬菜地和果园的比例是相同的。污泥施用农田所占比例估计为 2.32%，天津地区食品消费和体重数据来自 1992 年全国营养调查，见表 5.12。该表描述了城镇居民和农村居民的数据。

(3) 风险评估

重金属对人体健康的非致癌毒性效应潜势可以通过比较平均日摄入量(ADD)和相应重金属的参考剂量(RfD)来评估。某种物质的非致癌风险用危害商值来表示($HQ=ADD/RfD$)。如果 HQ 小于 1，认为不对公众健康构成威胁，包括敏感的亚群。如果 HQ 值超过 1，则要考虑潜在的非致癌影响。表 5.13 所示为当地居民对施用污泥土壤中重金属的膳食暴露量和相关的 HQ 值。

表 5.12　天津城市和农村人口的膳食消费和体重(葛可佑,1996)

	膳食消费(g/kg/日)					
	城市地区			农村地区		
	均值	标准差	百分数(%)	均值	标准差	百分数(%)
大米产品	2.324	1.803	11.64	1.462	1.291	9.37
小麦产品	3.822	2.420	19.13	5.613	2.169	35.96
其他谷物	0.164	0.468	0.82	0.777	1.362	4.98
淀粉块茎	0.509	0.864	2.55	1.126	1.636	7.22
干豆类	0.020	0.087	0.10	0.002	0.012	0.01
豆类产品	0.117	0.200	0.59	0.038	0.103	0.24
深色蔬菜	1.090	1.147	5.46	0.236	0.643	1.51
浅色蔬菜	4.427	9.644	22.16	4.209	4.801	26.97
咸菜	0.031	0.139	0.16	0.098	0.259	0.63
新鲜水果	1.251	1.735	6.26	0.101	0.520	0.65
其他	6.218	9.715	31.13	1.945	4.203	12.46
总计	19.973		100.00	15.607		100.00
体重(kg)	64.1	13.4		60.2	10.0	

表 5.13　天津地区污泥中的重金属通过食物途径的重金属暴露和商值

RfD(mg/kg/日)	砷	镉	汞	锌	镍	铅
	0.0003	0.0003	0.0005	0.3	0.02	ND
城镇个体						
ADD(mg/kg/日)	3.79E−04	1.55E−05	1.69E−04	2.43E−01	3.95E−03	5.93E−04
HQ	1.26	0.05	0.34	0.81	0.20	ND
农村个体						
污泥使用地区						
ADD(mg/kg/日)	4.11E−04	4.74E−05	1.65E−03	4.35E−01	7.96E−03	1.30E−03
HQ	1.37	1.58	3.29	1.45	0.40	ND
污泥未使用地区						
ADD(mg/kg/日)	3.80E−04	8.77E−06	2.03E−04	3.11E−01	4.88E−03	4.60E−04
HQ	1.27	0.03	0.41	1.04	0.24	ND

注:1. ND=没有数据;2. ADD=平均每日摄入量;3. HQ=危害商值;4. RfD=参考剂量。

(4)讨论

为了考察本案例评估结果的妥当性,将其与其他研究者的数据(表5.14)进行了对比。从表5.14中可以看出,本案例对Cd和Pb的暴露估计值与其他研究者的测定结果在相同的数量级上。这些研究者测得的膳食备份中的Cd和Pb也可能来自污水灌溉,施肥和大气沉降,而且膳食备份中也可能包括5大作物之外的其他食物。因此,此处可能有些过高估计了居民对施用污泥的农作物种植土壤中重金属的暴露水平。这可能主要是因为使用了盆栽实验的数据。许嘉琳和杨居荣指出,对于一个给定的土壤总浓度(包括金属在土壤中的所有存在形式),盆栽实验中重金属从土壤到植物组织的吸收率比在实际农田中的要大,因为在农田中,一些重金属经过一段时间稳定期后变成固定态,很难被植物吸收。如表5.11所示,叶菜类和小麦中镉浓度的推定值超过了我国国家食品卫生标准的最高限量值,而水稻中Cd浓度的估算值低于此标准。这与调查结果中水稻的Cd污染比例远远低于蔬菜和小麦非常一致(见表5.7)。小麦和大米中汞浓度的推定值超过了我国国家食品卫生标准,而蔬菜没有被汞污染,这又与蔬菜受污染程度较小麦和水稻低的调查结果相一致(见表5.7)。基于这些发现,可以看出在天津地区,污泥的利用过程与土壤和作物污染有很大关系。

表5.14 镉和铅的暴露估计值与测定值的比较(μg/日)

	估计值	测定值				
		几何均值 (几何标准差)	几何均值		算术均值	
镉	10.82	9.9(2.33)	6.4	5.9	13.8	ND
铅	38.02	25.8(2.12)	ND	ND	86.3	57.5
方法	膳食途径	食物备份调查	食物备份调查		ND	
暴露人群	一般人群	成年女性	非吸烟女性		成年男性	儿童
地点	天津	北京、上海、南宁、台南	济南城区	百泉农村	全国	
数据源	本案例	Zhang等(1997)	Watanabe等(1998)		Chen和Gao(1993)	

表5.13显示,对于农村污泥施用人群(RSAI),污泥农用导致的镉、汞、砷、锌的日平均摄入量大于由美国环境保护署(EPA)提供的相关RfDs值,特别是镉和汞。在他们的饮食中,来源于污泥农用的Cd超出了相关标准3倍以上。这个群体需要被长期监视,以观察膳食摄入途径对Cd的长期暴露对人体的影响。对于城市居民(UI)和农村不使用污泥的人群(RSNAI),在他们的饮食中由于污泥利用而积累的汞,镉和镍低于RfDs值,但砷的含量大于RfDs值。此外,如果再考虑污水灌溉,其他种类化肥的应用,大气沉降的影响,锌摄入量会超过其RfDs值,镉摄入量会接近其RfDs值。考

虑到人们在食用污泥施用农田种植的作物时重金属会在体内蓄积,降低源于这种暴露途径的风险是必要的。

总结目前的研究结果如下。

① 纪庄子污水处理厂的污水污泥中镉和汞的污染浓度远远低于《农用污泥中污染物控制标准》(CSPSAU)允许的范围(见表5.8),22.5万t/年的污泥使用率低于允许的30万t/年的限值。然而,经过20多年天津农田土壤污泥的重复利用,土壤中的汞和镉的浓度仍超过国家《土壤环境质量标准》(NEQSS)的限值(见表5.9)。因此,即使目前天津地区对污泥的利用符合CSPSAU的规定,土壤仍有可能被污染。

② 尽管污泥施用农田种植的五大作物中As的浓度没有超过我国《国家食品卫生标准》的允许值(见表5.11),但三个暴露人群通过膳食途径的As的平均日摄入量却超过了重金属的RfDs值(见表5.13)。

3. 结论

本案例评价了中国天津地区由于污水污泥利用而导致的人类对重金属的暴露水平。随着天津地区城市化和工业化的发展,污水污泥管理将变得越来越关键。研究中获得的人类对某些重金属的暴露值,有助于政府部门预测污泥利用对人类健康的影响,并有助于形成恰当的污泥利用和处置的政策决定。

暴露评价的主要发现提示,有必要定期检测污泥利用农田土壤和农作物中重金属的含量。因为目前的污泥使用实践虽然符合CSPSAU的规定,却不能保护土壤和作物免受可能的污染。此外,可以预测的重金属长期暴露对人体健康影响的人类健康风险评价,应成为中国制定保障污泥利用农田安全的两个标准的基础。特别是,人类消费污泥利用农田中种植的农作物所致对污染物的暴露水平应该成为制定这两个标准的关键点。

未来的研究应着重在以下方面。

① 应该更深入地开展基于农田土壤中重金属的生物有效浓度的土壤—植物的生物效应研究。

② 应该开展天津地区重金属从土壤到蔬菜/水果的迁移率的基础研究。

③ 应该加强研究,获取土壤中重金属污泥之外来源的更多数据,使我们对天津地区居民的重金属暴露有一个更全面的了解。

二、基于健康风险评价确定中药材中砷的安全限量基准

中医药是中华民族历史文化和现代文明的重要组成部分,近来传统医药受到国际社会越来越多的关注,世界范围内对中医药的需求日益增长。2004年我国中药产业总产值达810.26亿元,比上年增长10.66%,成为我国快速增长的产业之一。作为有着中医药悠久历史的中国,中草药资源品种齐全,储量丰富。然而中药中重金属含量超标事件屡见报道,尤以砷含量超标突出。牛黄解毒片等临床应用出现慢性和急性健

康危害的事件曾多次发生。2003年1月,新西兰卫生部政府网站公布了因牛黄解毒片中含有砷而被召回的消息。砷超标等重金属超标问题严重影响了我国中药产品在国际上的声誉,制约了我国中药产业的现代化发展,也对我国人民的健康造成危害。

《中华人民共和国药典》将砷列为重金属,规定药材中砷的含量必须严加控制。目前对于大多数中药尚未制定明确、统一的国家限量标准,使得在研究过程中缺乏统一的参考指标。2001年7月1日,中华人民共和国对外贸易经济合作部发布了《药用植物及制剂进口绿色行业标准》,规定重金属限量指标:砷≤2.0 mg/kg,重金属总量≤20.0 mg/kg。

除膳食、饮水外,服用中药是另一个重要而常被人忽视的砷的经口摄取途径,此方面的健康风险分析开展很少。为了解中药材中砷对人的健康风险,本案例尝试以我国一种常用大宗中药材——黄芩为例,采用人群健康风险评价的方法,计算服用该药时药物中黄芩含砷量对患者的健康风险。同时反推药用植物黄芩中的砷浓度安全限量值。

1. 中药材黄芩中砷的健康风险

(1) 中药黄芩

黄芩是我国常用大宗中药材之一,为唇形科(Labiatae)多年生草本植物黄芩(*Scutellaria baicalensis* Georgi)的干燥根。具有清热燥湿、泻火解毒、止血、安胎等功效,临床应用范围非常广泛。近年由于国家控制滥用抗生素,多种以黄芩为主药的重要抗菌消炎类中成药正逐步开发并在市场上备受青睐,如"三黄片"、"苦甘冲剂"、"银黄口服液"等。以黄芩提取物做中成药原料的黄芩需求量逐渐增大,每年均在1000万千克以上。黄芩成为中药工业的重要原料,可以说是中西医结合治疗中很有前途的药物。然而效益与风险并存,如此巨大的市场空间与消费量,其安全性更有必要进行探讨与分析。

(2) 黄芩成药砷的健康风险

与西药相比,中药具有用药量大、疗效慢等特点,有些病人在治疗某种疾病时需要长期服用同种药物。如果该中药中含砷量超标,长期大量的服用会使病人的健康受到严重影响。本案例以含黄芩的常见中成药三黄片为例,计算服用该药时药物中黄芩含砷量对患者的健康风险。三黄片药效主要为清热解毒,泻火通便。由中药部颁药品质量标准中关于三黄片(标准编号:WS3-B-2278-97)的生产标准可知,大黄300 g,盐酸小檗碱5 g,黄芩浸膏21 g(相当于黄芩苷15 g)经加工,可制成三黄片糖衣片剂1000片。可以得知,1000片三黄片中含有黄芩苷15 g。宋双红等人曾经研究了不同炮制方法对黄芩有效成分的影响,得出黄芩经较长时间水煮后,其中的黄芩苷含量不低于9.5%。根据三黄片的处方和制方,取水煮黄芩后黄芩苷含量为9.5%。那么1000片三黄片中所含黄芩苷等效于157.895 g的水煮黄芩量。

研究表明中药炮制过程对原药中砷含量亦有影响,主要表现为使砷含量降低。铁步荣等的实验证明经炮制的蛤壳、鱼脑石中砷含量有 5%～68% 不等的减少,瓦楞子在炮制后砷含量有 46%～96% 不等的降低。中药中重金属溶出率都较高,如 15 种药中铜的溶出率最低为 39.5%,最高达 96.9%,平均 76.7%。有关黄芩植物经炮制后药效的改变时有研究,然而关于黄芩中砷含量变化的研究少见报道,在此参考类似中药炮制砷含量变化系数,取 0.5 值进行风险计算。

根据以上论述,得出服用中成药砷的健康风险评价流程,见图 5.7。计算公式如下。

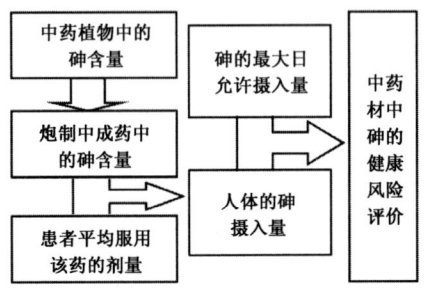

图 5.7 中药材中砷健康风险分析流程

① 黄芩炮制后的砷含量:

$$W_1 = C \times \alpha \tag{5.22}$$

式中,W_1 为黄芩炮制后砷含量(mg/kg);C 为黄芩植物中砷含量(mg/kg);α 为炮制后砷含量变化系数,暂取 0.5。

② 每片成药中的砷含量:

$$W_2 = W_1 \times M \tag{5.23}$$

式中,W_2 为每片成药的含砷量(mg/kg);M 为每片成药中含水煮黄芩的质量(g/片);根据三黄片的处方和制方,1000 片三黄片中所含黄芩苷等效于 157.895 g 的水煮黄芩量。

③ 砷的日摄入量:

$$W_A = W_2 \times \beta \tag{5.24}$$

式中,W_A 为病人生病期间日平均摄入人体的砷总量(μg/日);β 为日平均服药量(片/日)。三黄片服用规定为口服,一次 4 片,一日 2 次,小儿酌减。则成人为 8 片/日,儿童减半计算为 4 片/日。

采用以上方法,可以依据黄芩植物中的砷含量,评价一般人群服用中成药三黄片所导致的砷暴露量。世界卫生组织(WHO)提出的无机砷最大日允许摄入量(Maximum Tolerable Daily Intake)为 2.1 μg/kg/日。那么对于体重 60 kg 的成人来说,WHO 规定的每日砷摄入量不应超过 126 μg/日,儿童体重按 15 kg 计算,则该值不得超过 31.5 μg/日。通过比较服用中成药三黄片的砷暴露量与 WHO 提出的无机砷最大日允许摄入量,可对人群健康风险进行定量评价。

在此,仅尝试建立了一种中药材中重金属的暴露评价及健康风险评价方法。随着黄芩药材中砷污染现状调查的实施,服用黄芩药物的一般人群砷健康风险评价将成为可能。

2. 黄芩药材砷的安全浓度限值

WHO 的《药用植物质量控制方法》中规定来源于药用植物的农药等有害物质含量应不超过该物质总摄入量的 1%。那么如果服用黄芩药物所摄入的砷含量限值为 WHO 规定的无机砷最大日允许摄入量的 1%,计算得体重 60 kg 成人的砷每日允许摄入量为 1.26 μg/日,体重 15 kg 儿童的砷每日允许摄入量为 0.315 μg/日。

根据公式(5.22)~(5.24)反推得到,对体重 60 kg 的成人来说,要求药用植物黄芩中含砷量不得超过 1.995 mg/kg,约等于《药用植物及制剂进口绿色行业标准》规定的砷限量指标:小于等于 2.0 mg/kg。而对于 15 kg 儿童计算,其值不得超过 0.997 mg/kg。那么一些药用植物和制剂虽然符合制定的砷限量指标但高于 0.997 mg/kg,有可能对人群健康特别是儿童健康造成危害。说明《药用植物及制剂进口绿色行业标准》规定的砷限定指标有待进一步修正,才能够确保药用植物和制剂中的砷不危害所有人群的身体健康。

3. 讨论

本案例以含黄芩的常见中成药三黄片为例,建立了一种中药材中重金属的暴露评价及健康风险评价方法,计算服用该药时药物中黄芩含砷量对患者的健康风险。在此基础上,由 WHO 的无机砷最大日允许摄入量反推中药植物黄芩中的砷浓度安全限量值。

本研究案例尝试建立一种中药材中重金属的健康风险评价的研究方法与模式。但该方法仍存在着一定的不确定性及有待改进之处。例如,三黄片只是含黄芩成药的一种,能否代表黄芩药材的最大用药量,有待进一步研究。另外,对于一般人来讲,三黄片并非长年使用药物,只是在出现不适症状时服用一个时期。而 WHO 的无机砷最大日允许摄入量为人群长期暴露的安全限值,所以,我们的评价方法是保守的、安全的。

三、黄芩药材及种植土壤中砷的安全浓度限值研究

砷(As)是环境中自然存在的一种有毒元素。它可以通过风化作用、生物活动和火山活动进入环境中。人为输入来自于一些工农业实践,比如,杀虫剂和化肥的使用、污水灌溉、重煤燃烧的沉降、冶炼厂废弃物和采矿的矿渣,这些行为增加了砷在土壤、地下水和地表水中的浓度。在中国,砷在土壤中的浓度变化从没有污染的土壤的 5 mg/kg 以下到砷硫化物尾矿附近严重污染土壤的 3800 mg/kg。一旦进入土壤,砷可以被农作物、蔬菜、水果等植物吸收,这些被污染的农作物可能危害人体健康。研究发现,长期暴露于高含量的无机砷会产生多种不利健康的影响,包括皮肤和内脏的癌变、

心血管疾病以及神经效应等。

伴随着天然药物在世界的流行,传统中药的出口也在增长。因此,传统中药的质量和安全已引起世界上更多的关注。许多国家都对草药中的重金属最大容许含量制定了明确的质量和安全标准。然而,大部分标准是参考食品质量标准制定的,并不是基于草药的研究。与营养成分如淀粉、脂类和氨基酸不同,药用植物(指中药的源植物)中的药效成分一般是次生代谢产物,其中的一些物质在环境胁迫下会产生更高的浓度。重金属的吸收和累积对药用植物产生的影响可能不同于其对农作物的影响。此外,药用植物加工和摄取的方法与农作物也不同,使得人类在草药和农作物上的重金属暴露和健康风险评价应该有一定差异。因此,有必要以药用植物研究为基础,通过考察和修正药用植物中重金属的最大允许浓度值来完善草药的质量标准。

到目前为止,对中药的安全性研究还主要集中在对重金属的检测方法和对重金属污染水平的调查上。对逾300种药用植物进行的研究表明,不同产地的草药中重金属含量有显著性差异,即使同一种植物,不同部位重金属浓度也有所不同。只有少数研究旨在阐明药用植物对重金属的吸收机制,富集和分区以及确定重金属对药用植物的生长和药效成分的影响。但是,我们可以参考重金属超富集植物对土壤的修复,以及重金属对农作物的有害影响及其作用机制,这两方面研究使用的理论、方法和技术。此外,一些基于农作物中重金属的健康风险评价研究结果考察了环境质量标准的妥当性。这些研究都为我们制定和修改药用植物的质量与安全标准提供了理论和方法借鉴。

本案例以中药材黄芩为例,通过盆栽实验,研究了As在黄芩中的富集和分布规律;探讨了As对黄芩生长及五个药效成分黄芩苷、汉黄芩苷、黄芩素、汉黄芩素、千层纸素A累积的影响;在此基础上,基于风险评价理论,确定了黄芩药材及土壤中砷的安全浓度限值,为制定黄芩中As的环境安全标准提供有益的参考。

1. 材料和方法

(1)实验地位置和土壤性质

土壤盆栽实验是在北京师范大学的房山实验基地(北纬 39°41′,东经 116°03′)进行的,该基地位于北京郊区,海拔 38 m,属于半湿润的大陆性气候,年平均温度 11.6℃,年平均降水量 611 mm。

实验用土为房山实验基地的表层土(0~20 cm),属于黄色沙壤土,总氮、总磷、总钾和pH值分别是 0.055%、0.043%、2.02%和 7.34。可交换态 Ca、Mg、Al、Fe、和 Mn 的浓度分别为 0.45%、0.015%、6.22%、0.019%、2.92%和 0.059%,As 在土壤中的浓度是 12.2 mg/kg。

(2)实验方法

实验使用了85个塑料盆(高 27.5 cm、直径 30 cm),从实验基地的一个地块取土,每个盆中装相同质量的土壤 20 kg。从辽宁的瓦房店种植基地采购两年生黄芩四月份,在黄芩返青之前,每个盆中移栽大小相似的两年生黄芩3株,呈等边三角形排列。为了模仿野外环境,将盆放置在开放的地块。盆体埋于土中,顶部略高于地面。栽培过程中不施加任何肥料,浇灌自来水使含水量保持在16%。

购买的实验药品 $Na_2HAsO_4 \cdot 7H_2O$ 没有再进行纯化,直接使用。用纯净水(As未检出)溶解 $Na_2HAsO_4 \cdot 7H_2O$ 制备不同浓度的砷酸盐溶液。为了解黄芩植株对As的敏感性以确定恰当的As处理实验浓度范围,我们进行了预实验。在此基础上确定了实验方案。实验设计为:土壤中只添加砷酸盐的有9个处理浓度(以As含量计):0(CK1(空白)),10,20,40,100,160,200,400 和 600 mg/kg。通过实验来研究黄芩对As的吸收和富集以及土壤中的砷对药效成分累积的影响。实验中所有浓度处理都做了5次重复。

两年生黄芩移栽三个半月后采用污灌形式进行盆栽土壤胁迫处理。60天后的九月末,当地上部分和根部都经历了生长高峰期并达到生理成熟的时候,采收植株。整个植株被挖出,附着在根部的土壤用毛刷轻轻地刷去。根部和地上部分别在60℃烘箱中烘72小时,直至达到恒重。测量黄芩的鲜重和干重(72小时后)。

(3)植物和土壤分析

干燥的植物样品用研钵磨碎,取出部分样品以备黄酮类成分的含量测定。其余磨碎的植物样品过50目(0.3 mm)筛。从中取0.1 g的植物样品加入4 mL纯硝酸,放入微波消解仪(WX-8000)中进行消解。土壤样品自然风干后过100目(0.15 mm)筛。从中取0.2 g的土壤样品加入8 mL的1:3 HNO_3:HCl溶液,放入微波消解仪(WX-8000)中进行消解。As的浓度用氢化物发生原子荧光法测定(AFS-830)。预先分出的干燥磨碎的植物样品过40目(0.42mm)筛子。0.1 g的植物样品在25 ml 70%的乙醇中超声萃取40 min,提取液过0.45 μm 的滤膜。采用高效液相色谱HPLC(Waters1525 HPLC/2487PDA detector/Mellennium32 Server)测定黄芩中五种黄酮类成分的含量。

(4)统计分析

使用 Microsoft Office Excel 2003 来计算均值和标准偏差。用 SPSS 13.0 来进行相关性分析、回归分析和单变量方差分析(ANOVA)。在单变量方差分析过程中,如果观察到处理组间存在显著性差异($P<0.05$),进一步采用 LSD 检验进行多组间比较。

2. 结果和讨论

(1)不同的As处理对植物生长的影响

图5.8显示了土壤中的As含量对黄芩生物量的影响,其中,数据表达为平均值±标准差(n=3);单变量方差分析确定As处理组与对照组之间是否存在显著性差异;"*"代表 $P<0.05$ (LSD检验)。结果显示低浓度(≤100 mg/kg)的As可以促进根的生长(100 mg/kg,$P<0.05$),但是对茎叶没有显著影响。当As的浓度增加到

200 mg/kg 的时候,茎叶首先表现出生物量的下降,但是根的生物量却高于对照组。当 As 的浓度增加到 400 mg/kg 的时候,对茎叶($P<0.05$)和根部生长都产生了不良影响。与对照组相比,黄芩生物量在低浓度 As 处理时是增加的,但是在高浓度 As 处理(400 和 600 mg/kg)时,生物量有显著下降。当浓度大于 400 mg/kg 时,植物显得矮小枯萎,并且在叶子的尖端和边缘出现枯黄坏死的现象,直至整株植物死亡。导致 400 和 600 mg/kg 处理浓度时,整株黄芩的干物质量与对照组相比,分别下降了 53.7% 和 71.7%。

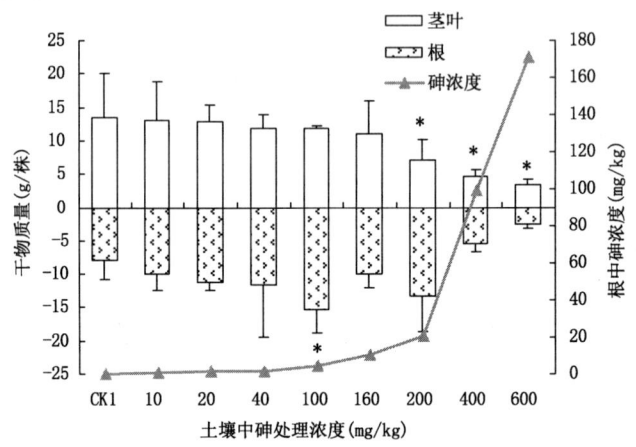

图 5.8 As 胁迫对黄芩根中浓度和干物质量的影响

这个结果与一些研究者对农作物和水果的研究结果相一致,阵同斌和刘更另发现土壤中低浓度的 As 可以刺激水稻的生长增加产量,但是高浓度 As 阻碍其生长发育。简放陵等也报告了类似结果:他们的盆栽实验显示低浓度的 As 促进白菜的生长,但是超过一定的限值,产量降低直至死亡。As 的暴露浓度限值因种植土壤的类型不同而异。在某些情况下,添加的砷酸盐可能会将土壤中的磷酸盐替换出来,导致植物可利用磷(P)的增加。然而,Carbonell-Barrachina 等在无土的水培试验中也观察到了对植物生长的促进作用,尽管他们也认为这种生长促进作用可能与 P 营养素有关。因为 As 在植物中可以取代 P,但是却不能发挥 P 在能量转换中的作用,使植物表现为 P 缺乏。因此,随着植物中 As 的增加,植物会增加 P 的摄取。与上述结论明显相反的研究表明,在大米、小麦、玉米、黄瓜、四季豆、卷心菜、玉米、油菜和向日葵的盆栽实验中没有发现 As(砷酸盐)可以促进植株的生长。As(砷酸盐)对植物生长的促进作用的条件和原因还需进一步的研究。

(2)不同砷处理对植物药效成分的影响

图 5.9 显示了不同土壤 As 处理对黄芩的药效成分的影响,结果表明土壤中低浓度($\leqslant$200 mg/kg)的 As 添加,对五种黄酮类成分的含量没有显著影响。但是,高浓度的 As 会使黄芩苷和汉黄芩苷的含量减少,同时使黄芩素、汉黄芩素、千层纸素 A 的含

量增加。有趣的是,随着 As 处理浓度的增加,黄芩素的含量变化与黄芩苷含量的变化趋势相反,汉黄芩苷和汉黄芩素也有同样的现象。相关性分析的结果表明黄芩根中黄芩苷含量与黄芩素含量呈明显的负相关($P<0.01$),汉黄芩苷含量与汉黄芩素含量也呈现明显的负相关($P<0.01$)(表 5.15),黄芩苷和汉黄芩苷的含量与土壤 As 处理浓度呈负相关($P<0.01$),黄芩素、汉黄芩素、千层纸素 A 的含量与土壤 As 处理浓度呈正相关($P<0.01$)。中国药典规定,黄芩中黄芩苷的含量不能低于 9.0%。我们的实验中,当 As 处理浓度低于 200 mg/kg 时,黄芩苷的含量符合要求。

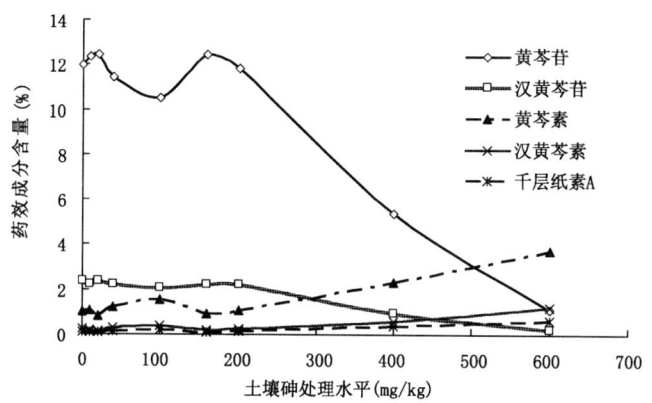

图 5.9 As 胁迫对黄芩根中不同药效成分的影响

表 5.15 土壤中 As 浓度与黄芩中五种黄酮成分的相关关系

	土壤中的砷	黄芩苷	汉黄芩苷	黄芩素	汉黄芩素	千层纸素 A
土壤中的砷	1					
黄芩苷	−0.939**	1				
汉黄芩苷	−0.956**	0.994**	1			
黄芩素	0.923**	−0.989**	−0.981**	1		
汉黄芩素	0.903**	−0.975**	−0.963**	0.993**	1	
千层纸素 A	0.948**	−0.995**	−0.990**	0.996**	0.985**	1

注:** 代表有显著性相关 $P=0.01$(双尾)。

已有研究探讨了砷胁迫下植物中黄酮类含量变化的机理。非生物胁迫,如干旱、多盐、极端的温度和化学毒性,可以导致对植物的次生渗透性和氧化性胁迫。早在 1932 年,Miwa 发现在黄芩体内存在叫做黄芩苷酶的 β-葡萄糖醛酸酶(GUS)。作为对诱导子的响应,细胞马上启动了 GUS 对黄芩素 7-O-b-d-葡萄糖苷酸(黄芩苷)的水解,并且释放的黄芩素被细胞壁过氧化物酶迅速氧化为 6,7-羟基黄芩素。在过氧化酶的反应中显著消耗了过氧化氢。因此,黄芩苷水解为黄芩素被认为是和氧化胁迫有关。

在我们的案例中,当土壤 As 超过 400 mg/kg 时,黄芩苷含量迅速下降,同时黄芩素相应增加,但是没有达到黄芩苷下降的程度。这个结果可以由上述 Morimoto 等的工作证实的 GUS 对 H_2O_2 的代谢机理来解释,但是这一机理还需要进一步的实验证实。在我们的实验中,随着 As 胁迫的增加汉黄芩苷与汉黄芩素浓度的变化可能也是基于这一机理。

(3)黄芩对 As 的吸收及其在体内的分布

图 5.8 显示了 As 胁迫下根中 As 的浓度,表 5.16 显示了 As 在黄芩体内的吸收和分布。各个组织中的 As 含量与 As 处理浓度成正比。当土壤的 As 处理浓度不超过 200 mg/kg 时,As 在地上部分和根部的含量都是随着土壤 As 处理浓度的增加而逐渐增加的。当 As 处理浓度达到 400 mg/kg 以上时,地上部分和根部的 As 浓度均急剧增加。观察植物的生长可以看到,As 浓度超过 400 mg/kg 就表现出毒性反应,继而死亡。这个结果与 Richardson 的报告是一致的:植物对 As 的吸收在一定的阈值范围内与环境中 As 的浓度成正相关,超过了这个耐性极限,抑制机制崩溃,植物吸收大量的 As 并且表现出中毒症状,甚至死亡。

表 5.16 As 胁迫下黄芩对 As 的吸收和分布

砷处理浓度 (mg/kg)	砷浓度 (mg/kg)		砷的分配系数	
	根	茎叶	生物富集因子	转移因子
CK1	0.34	0.15	0.03	0.44
10	1.01	0.40	0.07	0.40
20	1.28	0.65	0.05	0.51
40	1.44	1.86	0.04	1.29
100	4.74	2.36	0.06	0.50
160	10.1	6.04	0.12	0.60
200	20.4	14.5	0.19	0.71
400	99.0	572	0.28	5.78
600	171	819	0.26	4.79

生物富集因子(BF)定义为 As 在茎叶部分的浓度与在土壤中浓度的比值,反映了植物从土壤中吸收和富集 As 的能力。转移因子(TF)定义为 As 在茎叶部分的浓度与根中浓度的比值,反映了 As 从根部转移到茎叶部分的效力。当土壤中 As 的浓度超过阈值浓度(400 mg/kg)时,BF 大于 0.25,TF 大于 4.79,说明了根从土壤中吸收了更多的 As,植物把 As 有效地从根部转移到茎叶部分,并在茎叶部分富集。然而,当土壤 As 的浓度低于 200 mg/kg 时,BF 在 0.03~0.19 之间,TF 在 0.44~0.71 之间。在大多数 As 处理情况下,根部 As 的浓度都是大于茎叶浓度的。这就说明黄芩吸收和转运 As 的能力是比较弱的,一半以上的 As(57.3%~72.4%)都滞留在根部。以上结果说明黄芩对 As 没有特异的吸收和富集的能力,换言之,就是说黄芩不

是 As 的超富集植物。

回归分析使用了 6 组土壤 As 处理的数据,去除了超过耐性极限(400 mg/kg)的两个处理的数据。根和茎叶中 As 的相关关系可以用以下回归方程描述:

$$Y_{root} = 0.0006X^2 - 0.0324X + 1.2064(R^2 = 0.98, P < 0.01) \quad (5.25)$$

$$Y_{shoot} = 0.0005X^2 - 0.0374X + 1.0047(R^2 = 0.95, P < 0.01) \quad (5.26)$$

其中,Y_{root} 和 Y_{shoot} 分别代表了 As 在根和茎叶中的浓度,X 代表土壤 As 处理浓度。

(4)黄芩及栽培土壤中 As 的最大安全浓度建议值

黄芩以根部入药。黄芩中 As 的最大安全浓度建议值的确定基于以下两点考虑:第一,人类服用常规剂量的黄芩中药制剂时,黄芩根中的 As 不会对人体健康造成有害影响;第二,参考相关的现存标准。《药用植物及制剂进出口绿色行业标准》规定 As 在药用植物和制剂中的最大法定浓度为 2.0 mg/kg。英国药典规定,海藻和菊粉中的最高允许 As 浓度为 1.0 mg/kg。我们的前期研究在对服用含有黄芩成分的制剂所致健康风险进行评价的基础上,确定黄芩中 As 的最大允许浓度为 2.0 mg/kg。该前期研究采用了 WHO 规定的 2.1 μg/kg/日的每日可耐受摄入量(TDI),并假设服药途径的 As 摄入量不超过总砷摄入量的 1%。综上所述,As 在黄芩中的最大安全浓度建议值为 2.0 mg/kg。

种植土壤中 As 的最大安全浓度建议值基于以下三个方面的考虑:第一,土壤中的 As 不能影响药用植物的生长;第二,土壤中的 As 不能影响药用植物中药效成分的累积;第三点,也是最重要的一点,As 在土壤中的浓度不会导致药用植物中 As 的浓度超过最大安全浓度限值。黄芩不是 As 的超富集植物,随着种植土壤中 As 处理浓度的增加,黄芩中的 As 浓度也会缓慢增加。因此,控制 As 在种植土壤的浓度可以有效地降低黄芩对 As 的吸收和富集,并且确保黄芩作为草药的安全使用。由土壤中 As 浓度与黄芩根部砷浓度的相关性回归分析结果可以推出,在我们的实验条件下,当土壤中的 As 浓度低于 72 mg/kg 时,As 在黄芩中的浓度低于最大安全浓度值 2.0 mg/kg。当 As 处理浓度低于 100 mg/kg 时,黄芩的干物质量没有明显降低。中国药典规定,黄芩药材中的黄芩苷含量不能低于 9.0%。在我们的实验中,当 As 处理浓度低于 200 mg/kg 时,植物根中的黄芩苷含量都高于 10.0%。综上所述,我们建议的栽培土壤中 As 的最大安全浓度限值为 70 mg/kg。

3. 结果

黄芩对 As 没有特殊的吸收和富集能力。在某一阈值范围内,植物中 As 的富集与土壤中的 As 含量呈正相关。超过耐性极限 400 mg/kg,抑制机制崩溃,植物吸收大量的 As 并且表现出中毒症状,甚至死亡。因此,控制黄芩种植土壤中的 As 浓度可以有效地减少黄芩对 As 的吸收和富集,保证药材的用药安全。土壤 As 处理浓度低于 200 mg/kg 时对五种黄酮类成分含量及根的干物质量没有明显影响。这些结果使我们能够科学地制定和修改草药的安全标准,在种植基地选点及恰当的农业管理实践方面指导药材种植,为人们提供安全高品质的中药材。

参考文献

陈怀满,郑春荣.1999.中国土壤重金属污染现状与防治对策[J].人类环境杂志,**28**(2):130-134.

陈晋红,刘大伟,汤毅珊,王宁生.2009.中药材重金属和农药残留的研究进展[J].中药新药与临床药理,**20**(2):187-190.

陈同斌,范稚莲,雷梅,黄泽春,韦朝阳.2002.磷对超富集植物蜈蚣草吸收砷的影响及其科学意义[J].科学通报,**47**(22):1876-1879.

陈同斌,刘更另.1993.砷对水稻生长发育的影响及其原因[J].中国农业科学,**26**(6):50-58.

杜庆民,沈伟然.1988.天津市南排污河灌区土壤的重金属容量,曲格平主编.中国环境科学研究(733-737).上海:上海科学技术出版社.

对外贸易经济合作部(MFTEC)、中国、绿色的进口和出口贸易标准的药用植物及制剂,WM/T2-2004,2001.北京.

葛可佑.1996.中国人口膳食和营养状况(1992年全国营养调查).北京:人民卫生出版社.

郭郦兰,王逵,张青喜,张永平,王雁卿,米尔芳,田若涛,王秀林,席鸣歧.1993.太原市污水污泥农业利用研究[J].农业环境保护,**12**(1):13-16.

国家药典委员会.2005.中华人民共和国药典2005年版:一部.北京:化学工业出版社.

韩小丽,张小波,郭兰萍,黄璐琦,李明静,刘绣华,孙宇章,吕金嵘.2008.中药材重金属污染现状的统计分析[J].中国中药杂志,**33**(18):2041-2048.

韩小丽,张小波,郭兰萍等.2008.中药材重金属污染现状的统计分析[J].中国中药杂志,**33**(18):2041-2048.

洪薇,赵静,李绍平.2007.中药重金属限量控制现状与对策[J].药物分析杂志,**27**(11):1849-1853.

环境保护部国际标准司.2010.国内外化学污染物环境与健康风险排序比较研究.北京:科学出版社.

黄璐琦,郭兰萍.2007.环境胁迫下次生代谢产物的积累及道地药材的形成[J].中国中药杂志,**32**(4):277-280.

简放陵,青长乐,牟树森.1992.砷对蔬菜生长的影响和临界值的研究[J].重庆环境科学,**14**(2):6-9.

李筱薇,高俊全,赵京玲,陈建民.2006.华北地区二十三种中药材中重金属及有害元素基线调查及参考限量标准建立[J].卫生研究,**35**(4):459-467.

李欣,魏朔南.2006.黄芩的生物学研究进展[J].中国野生植物资源,**25**(6):11-15.

李应学,曹仁林,周毅,何宗兰,戴碧琼,霍文瑞,杜道灯.1988.天津市农用污泥和土壤中有害物质安全控制标准的研究[J].农业环境科学学报,(1):12-18,33.

廖晓勇,陈同斌,谢华,肖细元.2004.磷肥对砷污染土壤的植物修复效率的影响:田间实例研究[J].环境科学学报,**24**(3):455-462.

卢进,申明亮.1995.中药材重金属含量与控制[J].中国中医药信息杂志,**2**:10-12.

欧阳喜辉,崔晶,佟庆.1994.长期施用污泥对农田土壤和农作物影响的研究[J].农业环境保护,(6):271-276.

宋琳莉,孟庆刚.2008.黄芩的药理作用研究进展[J].中华中医药学刊,**26**(8):1676-1678.

宋双红,王炳利,冯军康,王喆之.2006.不同加工方法对黄芩炮制品质量影响的研究[J].中药材,**29**:893-895.

铁步荣,陈秀梅,张谦.2003.海洋动物药蛤壳、鱼脑石炮制前后砷含量的研究[J].中国中药杂志,**28**:381-382.

铁步荣,刘菁菁,张谦.2002.瓦楞子炮制前后砷含量的研究[J].中国中药杂志,**27**:697-699.

汪丽娅,孟繁蕴,张文生,杜树山.2005.黄草乌原药材与土壤无机元素相关性研究.北京中医药大学学报,**28**(3):68-71.

王爱平.2003.一次微波消解原子荧光法测定中药材砷铅汞的含量[J].现代中药研究与实践,**17**(1):26-28.

王远征,朱永官,黄益宗.2006.灵芝中重金属的检测及其健康风险初步评价[J].生态毒理学报,**1**:316-322.

温慧敏,陈晓辉,董婷霞.2006.ICP-MS法测定4种中药材中重金属含量[J].中国中药杂志,(16):1314-1317.

夏家淇等.1996.土壤环境质量标准详解.北京:中国环境科学出版社.

夏增禄.1992.中国土壤环境容量.北京:中国地震出版社.

夏增禄等.1986.土壤环境容量研究[M].北京:气象出版社.

徐颖.1993.污泥用作农肥处置及其环境影响[J].生态与农村环境学报,(3):32-35.

许嘉琳,杨居荣.1995.陆地生态系统中的重金属.北京,中国:中国环境科学出版社.

薛健,刘东静,陈士林,廖永红,邹忠梅.2008.中药外源污染物研究现状与分析[J].世界科学技术:中医药现代化,**10**(1):91-96.

袁伯勇,杨志孝,万惠香,袁慧.1998.黄芩不同部位金属元素的含量测定[J].微量元素与健康研究,**15**:40-43.

张萍.2008.牛黄解毒片临床应用存在的问题[J].中国中药杂志,**33**:343-344.

赵明,赵征宇,蔡葵,于秋华,王文娇.2007.砷、铬胁迫对蔬菜生长性状及产品安全性的影响[J].农业科学环境学报,489-493.

中国环境科学研究院.2010.水质基准的理论与方法学导论.北京:科学出版社.

中国农业部.1997.中国农业统计信息.北京:中国农业出版社.

中国统计局.1997.天津统计年鉴.北京:中国统计出版社.

中国药典委员会.2005.中国药典.北京:化学工业出版社.

中西準子,蒲生昌志,岸本充生,宮本健一.2003.環境リスクマネジメントハンドブック[M].東京:朝倉書店.

周立祥,胡忠明,胡霭堂.1995.未消化生活污泥中氮磷供应特性及其环境行为[J].生态与农村环境学报,**11**(4):19-22,56.

周启星,黄国宏.2000.环境地球化学和全球环境变化.北京:科学出版社.

周艺敏,张金盛,任顺荣,王正祥,münzer达.1990.天津市园田土壤和几种蔬菜中重金属含量状况的调查研究[J].农业环境科学学报,(06):30-34.

Abedin MDJ, Cresser MS, Meharg AA, Feldmann J, Cotter-Howells J. 2002. Arsenic accumulation and metabolism in rice (Oryza sativa L.). *Environmental Science Technology*, **36**(5): 962-968.

Cao HB, Ikeda S. 2000. Exposure assessment of heavymetals resulting fromfarmland application of wastewater sludge in Tianjin, China—the examination of two existing national standards for soil and for farmland-used sludge. *Risk Analysis*, **20**(5): 613-625.

Carbonell-Barrachina AA, Aarabi MA, DeLaune RD, Gambrell RP, Patrick WH Jr. 1998. Arsenic in wetland vegetation: Availability, phytotoxicity, uptake and effects on plant growth and nutrition. *Science of the Total Environment*, **217**:189-199.

Carbonell-Barrachina AA, Aarabi MA, DeLaune RD, Gambrell RP, Patrick WH Jr. 1998. The influence of arsenic chemical form and concentration on Spartina patens and Spartina alterniflora growth and tissue arsenic concentration. *Plant Soil*, **198**:33-43.

Chang AC, Page AL, Asano T, Hespanhol I. 1996. Developing human health-related chemical guidelines for re-claimed wastewater. Irrigation. *Water Science and Technology*, **33**(10-11): 463-472.

Chen JC, Jia MR. 2005. Regulation and analysis on limit contents for heavy metals and pesticide residues in medicinal plants from the pharmacopoeia of China, the United States, Britain, Japan and Europe, West China. *Journal of Pharmaceutical Sciences*, **20**(6): 525-527.

Chen TB, Song B, Zheng YM, Huang ZC, Zheng GD, Li YX, Lei M, Liao XY. 2006. A survey of arsenic concentrations in vegetables and soils in Beijing and the potential risks to human health. *Acta Geographica Sinica*, **61**:297-310.

Cox MC. 1995. Arsenic Characterization in Soil and Arsenic Effects on Canola Growth, Ph. D. Dissertation. Louisiana State University, Baton Rouge, Louisiana.

Gulz PA, Gupta SK, Schulin R. 2005. Arsenic accumulation of common plants from contaminated soils. *Plant soil*, **272**(1−2): 337-347.

Herrman JL, Younes M. 1999. Background to the ADI/TDI/PTWI. *Regulatory Toxicology and Pharmacology*, **30**:109-113.

Howd RA, Brown JP, Fan AM. 2004. Risk Assessment for Chemicals in Drinking Water: Estimation of Relative Source Contribution. *The 43rd annual meeting of the Society of Toxicology*, Baltimore, Maryland, 21-25.

http://www.mep.gov.cn/pv_obj_cache/pv_obj_id_85F8326F38B939A7339DDA6AC9FA3A6D87680400/filename/W020111116602406614804.pdf.

Huang ZC, An ZZ, Chen TB, Lei M, Xiao XY, Liao XY. 2007. Arsenic uptake and transport of Pteris vittata L. as influenced by phosphate and inorganic arsenic species under sand culture. *Journal of Environmental Science* (China), **19**:714-718.

Iimura K. 1981. Heavy metal problems in paddy soils. In K. Kitagishi & I. Yamane (Eds.), *Heavy metal pollution in soils of Japan* (pp. 37-50). Tokyo: Japan Scientific Societies Press.

Jacobs LW, Keeney DR, Walsh LM. 1970. Arsenic residue toxicity to vegetable crops grown on plainfield sand. *Agronomy Journal*, **62**: 588-591.

Jiang Y, Chen JJ, Cao HB, Zhang J, Zhang H. 2008. Health risk assessment of arsenic in Chinese herbal medicines, in: *Proceedings of the 3rd Annual Meeting of Risk Analysis Council of China Association for Disaster Prevention*, November 08-09, 527-532.

Li M, Liu Y, Zhou R, Lin QY, Wu BY. 2007. Analysis on limit standards for heavy metals and arsenic salts in traditional Chinese medicine both at home and abroad. *Lishizhen Medicine and Materia Medica Research, **18**(11): 2859-2860.

Miwa T. 1932. Baicalinase, a flavone glucuronide-splitting enzyme (I). *Acta Phytochimica*, **6**: 155-171.

Morimoto S, Tateishi N, Matsuda T, Tanaka H, Taura F, Furuya N, Matsuyama N, Shoyama Y. 1998. Novel hydrogenperoxide metabolism in suspension cells of Sctellaria baicalensis Georgi. *Journal of Biological Chemistry*,**15**:12606-12611.

Murata K, Araki S, Yokoyama K, Nomiyama K, Nomiyama H, Tao YX, Liu SJ. 1995. Autonomic andcentral nervous system effects of lead in female glass workers in China. *American Journal of Industrial Medicine*, **28**(2): 233-244.

New Zealand medicines and medical devices safety authority. 2003. Media re-leases 2003: Director-general's privi-leged statement under section 98 of the medicines act 1981—traditional Chinese medicine. http://www.medsafe.govt.nz/hot/media/median2003.htm.

OECD. 1996. Bioconcentration: Flow-through Fish Test. Proposal for Updating Guideline 305, OECD Guidelines for Testing of Chemicals.

Rahman MA, Hasegawa H, Rahman MM, et al. 2007. Effect of arsenic on photosynthesis, growth and yield of five widely cultivated rice (Oryza sativa L.) varieties in Bangladesh. *Chemosphere*, **67**(6): 1072-1079.

Richardson DHS, Niebger E, Lavoie P, Padovan D. 1984. Anion accumulation by lichens I. The characteristics and kinetics of arsenate uptake by Umbilicaria muhlenbergii. *New Phytologist*,**96**(1): 71-82.

Shen X, Rosen JF, Guo D, Wu S. 1996. Childhood lead poisoning in China. *The Science of Total Environment*,**181**(1-3):101-109.

Sun N, Jin HY, Xue J. 2007. Atomic absorption spectrometry determination of six heavy metal and deleterious elements in Chinese herbs. *Chinese Journal of Pharmaceutical Analysis*, **27**(2): 256-259.

Sun YB, Zhou QX, Liu WT, Wang L. 2009. Joint effects of arsenic, cadmium on plant growth and metal bioaccumulation: A potential Cd-hyperaccumulator and Asexcluder Bidens pilosa L. *Journal of Hazardous Materials*, **165**:1023-1028.

Tao S, Liang T, Cao J, Shen WR, Ho K. 1997. Implementation of agenda 21 strategy in Tianjin, China, '97 *International Forum of Environment*, Chungchong namdo Province Government, Republic of Korea.

Tu S, Ma LQ. 2003. Interactive effects of pH, arsenic and phosphorus on uptake of As and P and growth of the arsenic hyperaccumulator Pteris vittata L. under hydroponic conditions. *Environmental and Experimental Botany*,**50**:243-251.

USEPA. 1992. Human health assessment for the use and disposal of sewage sludge: Benefits of Regulation. Cambridge, MA: Abt Associ-ates.

USEPA. 2000. Methodology for Deriving Ambient Water Quality Criteria for the Protection of Human Health (2000)[R]. Washington DC: Office of Science and Technology, Office of Water. EPA-822-B-00-004.

USEPA. 2001. Proposed Revision to Arsenic Drinking Water Standard, 815—F—00—012, http://www.epa.gov/safewater/arsenic/regulations pro-factsheet.html.

Wang MJ. 1997. Land application of sewage sludge in China. *The Science of the Total Environment*, **197**:149-160.

Wang WX, Vinocur B, Altman A. 2003. Plant responses to drought, salinity and extreme temperatures: towards genetic engineering for stress tolerance. *Planta*, **218**: 1-14.

Watanabe T, Shimbo S, Moon CS, Zhang ZW, Ikeda M. 1996. Cadmium contents in rice samples from various areas in the world. *The Science of the Total Environment*, **184**:191-196.

Wei CY, Chen TB. 2002. The ecological and chemical characteristics of plants in the areas of high arsenic levels. *Acta Phytoecologica Sinica*, **26**: 695-700.

World Health Organization. 1998. Quality control methods for medicinal plant materials. World Health Organiza-tion, Geneva, Switerland.

Xu JL, Yang JR, Jing HW. 1996. Plant effects of arsenic contaminated soil and the influence factors. *Soils*, **28**: 85-89.

Zhang WH, Cai Y, Tu C, Ma LQ. 2002. Arsenic speciation and distribution in an arsenic hyperaccumulating plant. *Science of the Total Environment*, **300**: 167-177.

第六章　健康风险评价系统设计与实现

健康风险评价系统是基于健康风险评价理论和方法开发的一套软件系统。此系统通过管理众多的暴露数据、毒性数据以及各种健康风险评价模型，满足政府机关、环保部门、科研人员及希望了解自身所处环境中化学品对健康的危害程度的个人等多层次的需求。用户通过输入参数和选择模型可以很方便地得到健康风险评价的报告，进而了解健康风险程度。

第一节　健康风险评价系统概要设计

健康风险评价系统分为计算风险和计算寿命损失两个模块，计算风险模块和计算寿命损失模块又有详细的划分，系统结构图如图6.1至图6.3所示。

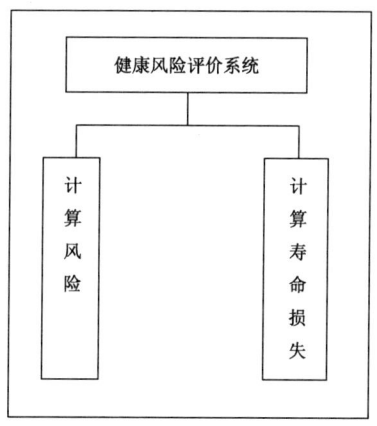

图6.1　健康风险评价系统模块划分图

第二节　健康风险评价系统详细设计和实现

一、数据库设计

健康风险评价系统的数据库采用的是微软的Access2003，系统一共包括4个表，分别是化学物质性质表、人群暴露信息表1(用于计算致癌风险和非致癌风险)、人群暴露信息表2(用于计算致癌寿命损失)、人群暴露信息表3(用于计算非致癌寿命损失)，见表6.1至表6.4。

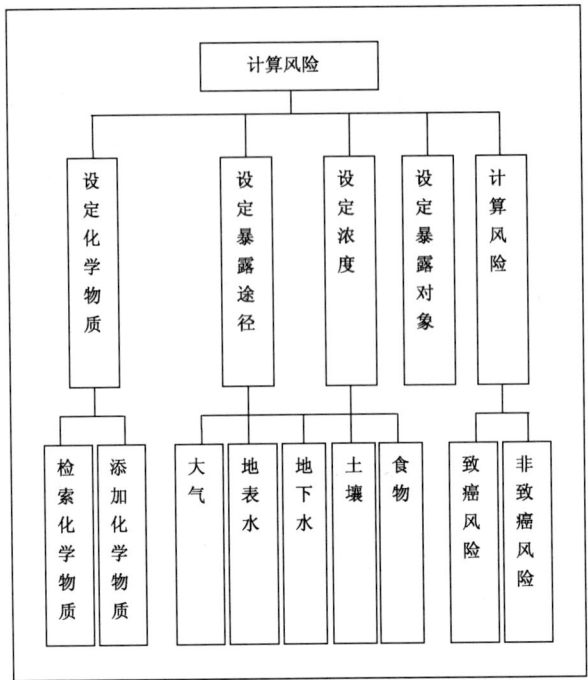

图 6.2 计算风险模块划分图

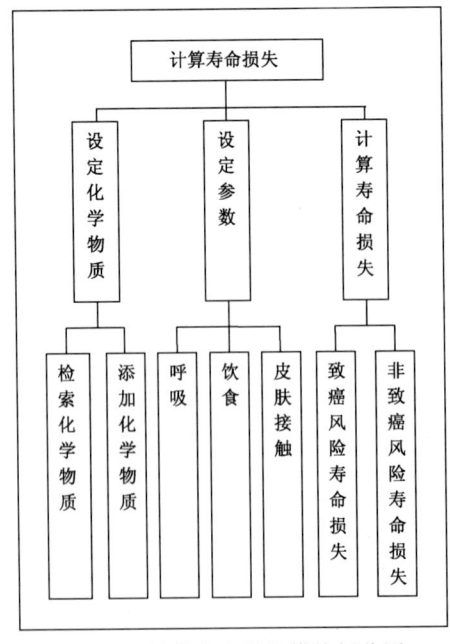

图 6.3 计算寿命损失模块划分图

第六章 健康风险评价系统设计与实现

表 6.1 化学物质性质表

字段名称	数据类型	字段大小
ID	自动编号	长整型
中文名称	文本	50
英文名称	文本	50
CAS 编号	文本	50
分子量	数字	单精度
熔点	数字	单精度
蒸气压	数字	单精度
水溶解系数	数字	单精度
K_{OW}	数字	单精度
K_{OC}	数字	单精度
亨利系数	数字	单精度
空气中分散系数	数字	单精度
水中分散系数	数字	单精度
皮肤/饮食途径非致癌参考剂量	数字	单精度
皮肤/饮食途径致癌斜率因子	数字	单精度
呼吸途径非致癌参考剂量	数字	单精度
呼吸途径致癌斜率因子	数字	单精度
半衰期	数字	单精度
损失速率常数	数字	单精度
类型(区别重金属和有机物)	数字	单精度
谷类 PAF	数字	单精度
根茎类 PAF	数字	单精度
叶菜类 PAF	数字	单精度
水果类 PAF	数字	单精度
经血液暴露阈值 1	数字	单精度
经血液暴露阈值 2	数字	单精度
经血液暴露阈值 3	数字	单精度
经血液暴露阈值 LLE1	数字	单精度

续表

字段名称	数据类型	字段大小
经血液暴露阈值 LLE2	数字	单精度
经血液暴露阈值 LLE3	数字	单精度
经头发暴露阈值 1	数字	单精度
经头发暴露阈值 2	数字	单精度
经头发暴露阈值 3	数字	单精度
经头发暴露阈值 LLE1	数字	单精度
经头发暴露阈值 LLE2	数字	单精度
经头发暴露阈值 LLE3	数字	单精度
经尿液暴露阈值 1	数字	单精度
经尿液暴露阈值 2	数字	单精度
经尿液暴露阈值 3	数字	单精度
经尿液暴露阈值 LLE1	数字	单精度
经尿液暴露阈值 LLE2	数字	单精度
经尿液暴露阈值 LLE3	数字	单精度
经母乳暴露阈值 1	数字	单精度
经母乳暴露阈值 2	数字	单精度
经母乳暴露阈值 3	数字	单精度
经母乳暴露阈值 LLE1	数字	单精度
经母乳暴露阈值 LLE2	数字	单精度
经母乳暴露阈值 LLE3	数字	单精度
经其他暴露阈值 1	数字	单精度
经其他暴露阈值 2	数字	单精度
经其他暴露阈值 3	数字	单精度
经其他暴露阈值 LLE1	数字	单精度
经其他暴露阈值 LLE2	数字	单精度
经其他暴露阈值 LLE3	数字	单精度
经呼吸血液暴露阈值 1	数字	单精度
经呼吸血液暴露阈值 2	数字	单精度

续表

字段名称	数据类型	字段大小
经呼吸血液暴露阈值 3	数字	单精度
经呼吸血液暴露阈值 LLE1	数字	单精度
经呼吸血液暴露阈值 LLE2	数字	单精度
经呼吸血液暴露阈值 LLE3	数字	单精度
经呼吸头发暴露阈值 1	数字	单精度
经呼吸头发暴露阈值 2	数字	单精度
经呼吸头发暴露阈值 3	数字	单精度
经呼吸头发暴露阈值 LLE1	数字	单精度
经呼吸头发暴露阈值 LLE2	数字	单精度
经呼吸头发暴露阈值 LLE3	数字	单精度
经呼吸尿液暴露阈值 1	数字	单精度
经呼吸尿液暴露阈值 2	数字	单精度
经呼吸尿液暴露阈值 3	数字	单精度
经呼吸尿液暴露阈值 LLE1	数字	单精度
经呼吸尿液暴露阈值 LLE2	数字	单精度
经呼吸尿液暴露阈值 LLE3	数字	单精度
经呼吸母乳暴露阈值 1	数字	单精度
经呼吸母乳暴露阈值 2	数字	单精度
经呼吸母乳暴露阈值 3	数字	单精度
经呼吸母乳暴露阈值 LLE1	数字	单精度
经呼吸母乳暴露阈值 LLE2	数字	单精度
经呼吸母乳暴露阈值 LLE3	数字	单精度
经呼吸其他暴露阈值 1	数字	单精度
经呼吸其他暴露阈值 2	数字	单精度
经呼吸其他暴露阈值 3	数字	单精度
经呼吸其他暴露阈值 LLE1	数字	单精度
经呼吸其他暴露阈值 LLE2	数字	单精度
经呼吸其他暴露阈值 LLE3	数字	单精度

表 6.2 人群暴露信息表 1(用于计算致癌风险和非致癌风险)

字段名称	数据类型	字段大小
ID	自动编号	长整型
暴露人群名称	文本	50
身高	数字	单精度
体重	数字	单精度
暴露年限	数字	整型
寿命	数字	整型
饮水频率	数字	单精度
洗澡频率	数字	单精度
游泳频率	数字	单精度
空气吸入每年天数	数字	单精度
空气吸入室内外比	数字	单精度
谷类摄取频率	数字	单精度
根茎类蔬菜摄取频率	数字	单精度
叶菜类蔬菜摄取频率	数字	单精度
水果摄取频率	数字	单精度
乳制品摄取频率	数字	单精度
肉类摄取频率	数字	单精度
鱼类摄取频率	数字	单精度
土壤摄取频率	数字	单精度
皮肤接触污染土壤频率	数字	单精度
皮肤接触污染空气频率	数字	单精度
含污染物大气吸入比例(室内)	数字	单精度
含污染物大气吸入比例(室外)	数字	单精度
呼吸速率(室内)	数字	单精度
呼吸速率(室外)	数字	单精度
含污染物水摄取比例	数字	单精度
含污染物谷类摄取比例	数字	单精度
含污染物根茎类蔬菜摄取比例	数字	单精度

续表

字段名称	数据类型	字段大小
含污染物叶菜类蔬菜摄取比例	数字	单精度
含污染物水果摄取比例	数字	单精度
含污染物乳制品摄取比例	数字	单精度
含污染物肉类摄取比例	数字	单精度
含污染物鱼类摄取比例	数字	单精度
含污染物土壤摄取比例	数字	单精度
水摄取量	数字	单精度
谷类摄取量	数字	单精度
根茎类蔬菜摄取量	数字	单精度
叶菜类蔬菜摄取量	数字	单精度
水果摄取量	数字	单精度
乳制品摄取量	数字	单精度
肉类摄取量	数字	单精度
鱼类摄取量	数字	单精度
土壤摄取量	数字	单精度
谷类湿干转化系数	数字	单精度
根茎类蔬菜湿干转化系数	数字	单精度
叶菜类蔬菜湿干转化系数	数字	单精度
水果湿干转化系数	数字	单精度
乳制品湿干转化系数	数字	单精度
肉类湿干转化系数	数字	单精度
鱼类湿干转化系数	数字	单精度
洗澡时暴露皮肤面积	数字	单精度
游泳时暴露皮肤面积	数字	单精度
渗透系数1(接触水体)	数字	单精度
洗澡时间	数字	单精度
游泳时间	数字	单精度
暴露皮肤面积2(接触土壤)	数字	单精度

续表

字段名称	数据类型	字段大小
土壤对皮肤黏附系数	数字	单精度
皮肤对污染物吸收分数	数字	单精度
土壤摄取量	数字	单精度
暴露皮肤面积3(接触空气)	数字	单精度
渗透系数3(接触空气)	数字	单精度

表6.3 人群暴露信息表2(用于计算致癌寿命损失)

字段名称	数据类型	字段大小
暴露人群名称	文本	50
空气暴露浓度GM	数字	单精度
空气暴露浓度GSD	数字	单精度
水暴露浓度GM	数字	单精度
水暴露浓度GSD	数字	单精度
谷类暴露浓度GM	数字	单精度
谷类暴露浓度GSD	数字	单精度
根茎类蔬菜暴露浓度GM	数字	单精度
根茎类蔬菜暴露浓度GSD	数字	单精度
叶菜类蔬菜暴露浓度GM	数字	单精度
叶菜类蔬菜暴露浓度GSD	数字	单精度
水果暴露浓度GM	数字	单精度
水果暴露浓度GSD	数字	单精度
乳制品暴露浓度GM	数字	单精度
乳制品暴露浓度GSD	数字	单精度
肉类暴露浓度GM	数字	单精度
肉类暴露浓度GSD	数字	单精度
鱼类暴露浓度GM	数字	单精度
鱼类暴露浓度GSD	数字	单精度
饮食途径暴露浓度GM	数字	单精度
饮食途径暴露浓度GSD	数字	单精度

字段名称	数据类型	字段大小
皮肤接触水体暴露浓度 GM	数字	单精度
皮肤接触水体暴露浓度 GSD	数字	单精度
皮肤接触土壤暴露浓度 GM	数字	单精度
皮肤接触土壤暴露浓度 GSD	数字	单精度
皮肤接触空气暴露浓度 GM	数字	单精度
皮肤接触空气暴露浓度 GSD	数字	单精度
皮肤接触途径暴露浓度 GM	数字	单精度
皮肤接触途径暴露浓度 GSD	数字	单精度

表 6.4 人群暴露信息表 3(计算非致癌寿命损失)

字段名称	数据类型	字段大小
呼吸途径内暴露浓度 GM	数字	单精度
呼吸途径内暴露浓度 GSD	数字	单精度
饮食途径内暴露浓度 GM	数字	单精度
饮食途径内暴露浓度 GSD	数字	单精度
皮肤接触途径内暴露浓度 GM	数字	单精度
皮肤接触途径内暴露浓度 GSD	数字	单精度
呼吸途径外暴露浓度 GM	数字	单精度
呼吸途径外暴露浓度 GSD	数字	单精度
饮食途径外暴露浓度 GM	数字	单精度
饮食途径外暴露浓度 GSD	数字	单精度
皮肤接触途径外暴露浓度 GM	数字	单精度
皮肤接触途径外暴露浓度 GSD	数字	单精度

二、类的设计

系统的开发基于 Visual Basic，Visual Basic 是在 Windows 环境下使用的一种高级编程语言，提供了一个十分友好的图形环境，支持许多有用的工具，如工程、窗体、对象模板、定制控件、数据库管理器等。系统采用面向对象的开发方式，设计了如表 6.5 所示的类。

表 6.5　类的设计

类	功　　能
SoilPath	土壤暴露途径相关的类,实现土壤暴露途径相关的模型,接受参数,输入模型,输出结果
UndergroundWaterPath	地下水暴露途径相关的类,实现地下水暴露途径相关的模型,接受参数,输入模型,输出结果
SurfaceWaterPath	地表水暴露途径相关的类,实现地表水暴露途径相关的模型,接受参数,输入模型,输出结果
AirPath	空气暴露途径相关的类,实现空气暴露途径相关的模型,接受参数,输入模型,输出结果
FoodPath	食物暴露途径相关的类,实现食物暴露途径相关的模型,接受参数,输入模型,输出结果
SkinSoilGasPath	皮肤接触途径相关的类,实现皮肤接触途径相关的模型,接受参数,输入模型,输出结果
RiskCalculations	计算致癌风险和非致癌风险,并且显示结果,接受参数,输入模型,输出结果
Public	连接数据库,操作数据库,关闭数据库相关操作
LLECan	计算致癌风险寿命损失的类,接受参数,输入模型,输出结果
LLENonCan	计算非致癌风险寿命损失的类,接受参数,输入模型,输出结果

三、模型算法介绍

本小节描述了致癌风险与非致癌风险和 LLE 的计算方法,对于致癌风险和非致癌风险的计算分为以下几个步骤。

1. 暴露途径下迁移转化模型

(1)土壤中重金属污染物的植物富集模型

$$CP = CS \times PAF \tag{6.1}$$

其中,CP 是植物中污染物浓度;CS 是土壤中污染物浓度;PAF 是富集系数。

(2)土壤中有机物污染物的植物富集模型

$$RCF = 10^{0.65 \times \log(K_{ow}) - 1.57} + 3 \tag{6.2}$$

$$TSCF = 10^{0.756 \times \exp\{[\log(K_{ow}) - 2.50]^2/2.58\}} \tag{6.3}$$

$$SCF = RCF \times TSGF \tag{6.4}$$

$$SCP = CS \times SCF \tag{6.5}$$

$$RCP = CS \times RCF \tag{6.6}$$

其中，K_{ow} 是辛醇－水分配系数；RCF 是块根富集系数；$TSCF$ 是蒸腾流富集系数；SCF 是茎叶富集系数；SCP 是植物茎叶中污染物浓度；RCP 是植物根中污染物浓度；CS 是土壤中污染物浓度。

2. 呼吸、饮食、皮肤暴露途径下污染物摄取速率的计算

(1) 呼吸途径

$$ADI = \frac{C \times IR \times FI \times ET \times EF \times ED}{BW \times AT} \tag{6.7}$$

其中，ADI 是单位时间单位体重污染物摄取量；C 是挥发性气体污染物浓度；IR 是呼吸速率；FI 是污染空气占空气总量的比例；ET 是一天室内（或者室外）暴露时间；EF 是暴露频率；ED 是总暴露年限；BW 是体重；AT 是平均暴露时间。

(2) 饮水途径

$$ADI = \frac{C \times IR \times FI \times EF \times ED}{BW \times AT} \tag{6.8}$$

其中，ADI 是单位时间单位体重污染物摄取量；C 是水中污染物浓度；IR 是饮水速率；FI 是污染水占饮水总量的比例；EF 是暴露频率；ED 是总暴露年限；BW 是体重；AT 是平均暴露时间。

(3) 皮肤接触途径

① 皮肤接触污染水体

$$ADI = \frac{Kp \times C \times SA \times ET \times EF \times ED \times CF}{BW \times AT} \tag{6.9}$$

其中，ADI 是单位时间单位体重污染物摄入量；Kp 是渗透系数；C 是水体中污染物浓度；SA 是接触的皮肤表面积；ET 是一天暴露时间；EF 是暴露频率；ED 是暴露年限；CF 是转化系数；BW 是体重；AT 是平均暴露时间。

② 皮肤接触污染土壤

$$ADI = \frac{Fadh \times C \times SA \times ABSF \times EF \times ED}{BW \times AT} \tag{6.10}$$

其中，ADI 是单位时间单位体重污染物摄入量；$Fadh$ 是土壤对皮肤的黏附系数；C 是土壤中污染物浓度；SA 是接触的皮肤表面积；$ABSF$ 是皮肤对污染物的吸收分数；EF 是暴露频率；ED 是暴露时间；BW 是体重；AT 是平均暴露时间。

③ 皮肤接触污染空气

$$ADI = \frac{Kp \times C \times SA \times ET \times EF \times ED \times CF}{BW \times AT} \tag{6.11}$$

其中，ADI 是单位时间单位体重污染物摄取量；Kp 渗透系数；C 是空气中污染物浓度；SA 是接触的皮肤表面积；ET 是一天暴露时间；EF 是暴露频率；ED 是暴露时间；BW 是体重；AT 是平均暴露时间。

3. 各暴露途径中单个污染物的健康风险计算

(1) 致癌风险

当时，$RISK<0.01$ 时，$RISK=ADI\times SF$ (6.12)

当时，$RISK>0$ 时，$RISK=1-\exp(-ADI\times SF)$

(2) 非致癌风险

$$HQ=\frac{ADI}{RfD} \quad (6.13)$$

其中，ADI 是单位时间单位体重污染物摄取量；$RISK$ 是致癌风险；SF 是致癌斜率因子；RfD 是参考剂量；HQ 是非致癌风险。

4. 寿命损失（LLE）的计算

LLE 的计算分为两步，一是计算暴露于不同污染物浓度下的人口比例，通常情况下假设人群暴露浓度服从对数正态分布；二是计算暴露于不同污染物浓度时造成健康危害的严重程度，危害的严重程度通过映射可以用 LLE 表示，示意图见图 6.4，下面分非致癌风险和致癌风险两种情况进行说明。

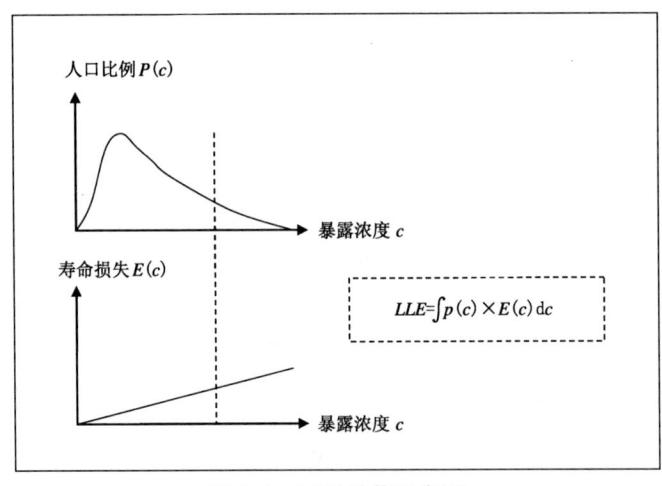

图 6.4　LLE 计算示意图

(1) 非致癌风险

暴露浓度和阈值都是针对内暴露的情况，计算中使用内暴露浓度与阈值的比值作为一个变量参与运算。非致癌风险寿命损失模型参数见表 6.6。

表6.6 非致癌风险寿命损失模型参数

变量	简写
外暴露量	$e_{外}$
内暴露量	$e_{内}$
外暴露量下的阈值	$t_{外}$
内暴露量下的阈值	$t_{内}$
内暴露量下的第 i 个阈值	$t_{内i}$
代谢率	M
敏感性	S

设 $r = \dfrac{e_{内}}{t_{内}}$, $r' = \dfrac{e_{外}}{t_{外}}$, $GM'_r = \dfrac{GM_{e_{外}}}{GM_{t_{外}}}$,根据数学上的关系,依据此假设可以得到:

$$GM_r = GM_{\frac{e_{内}}{t_{内}}} = \frac{GM_{e_{内}}}{GM_{t_{内}}} = \frac{GM_{e_{外}}}{GM_{t_{外}}} = GM_{\frac{e_{外}}{t_{外}}} = GM'_r$$

r 由污染物在人体的外暴露水平、代谢率以及内暴露阈值所共同决定,假设这些参数之间相互独立,r 的几何标准差 GSD_r 可以表示为:

$$(\ln(GSD)_r)^2 = (\ln(GSD_{e_{外}}))^2 + (\ln(GSD_m))^2 + (\ln(GSD_{t_{内}}))^2 \quad (6.14)$$

同时内暴露水平、外暴露水平以及代谢率有如下关系:

$$(\ln(GSD)_{e_{内}})^2 = (\ln(GSD_{e_{外}}))^2 + (\ln(GSD_m))^2 \quad (6.15)$$

敏感性和内暴露阈值有如下关系:

$$GSD_{t_{内}} = GSD_s \quad (6.16)$$

代谢率、内暴露剂量和敏感性的 GSD 常用取值如表6.7所示。

表6.7 代谢率、内暴露剂量和敏感性 GSD 表

变量	GSD
代谢率(m)	1.4
内暴露剂量(经食物)($e_{内}$)	2.2
敏感性(s)	2.7

综上所述:根据以上 GM_r 和 GSD_r 的不同计算方法,联系实际数据获取状况,选择合适的计算方法,进而可以得到 r 的对数正态分布的概率密度函数。不同的阈值决定了不同的健康受损状态,不同的健康受损状态对应不同的寿命损失年限。

非致癌风险具体计算方法如下:

① 第一步:
$$P_{t_{内i}} = 1 - \int_0^1 f(r)\,\mathrm{d}r \quad (6.17)$$

其中，$P_{t_{内i}}$ 是暴露阈值为 $t_{内i}$ 的人口概率；$f(r)$ 是对数正态分布的概率密度函数；r 是 $\dfrac{e_{内}}{t_{内i}}$ 的比值。

② 第二步：
$$LLE = \sum_{i=1}^{n} P_{r_{内i}} \times LLE_{t_{内i}} \tag{6.18}$$

其中，$P_{r_{内i}}$ 是暴露阈值浓度 $t_{内i}$ 的人口概率；n 是阈值个数；$LLE_{t_{内i}}$ 是阈值为 $t_{内i}$ 下的寿命损失；LLE 是非致癌风险总寿命损失。

(2) 致癌风险

暴露浓度和致癌斜率因子都是采用外暴露下的情况，外暴露浓度作为变量参与运算，两步可以合并如下：

$$LLE = \int_{0}^{+\infty} f(e_{外}) \times SF \times e_{外} \, de_{外} \tag{6.19}$$

其中，$e_{外}$ 是外暴露浓度；SF 是致癌斜率因子；$f(e_{外})$ 是对数正态分布的概率密度函数；LLE 是致癌寿命损失。

第三节　系统简明使用说明

一、健康风险评价子系统主界面

启动系统后点击"健康风险评价菜单"弹出健康风险评价子系统主界面，通过选择"选择计算类型"中的"计算风险"或"计算寿命损失"进行两者之间的切换，以下分别列出了"计算风险"和"计算寿命损失"的界面（图 6.5 和图 6.6），默认启动主界面是"计算风险"的界面。

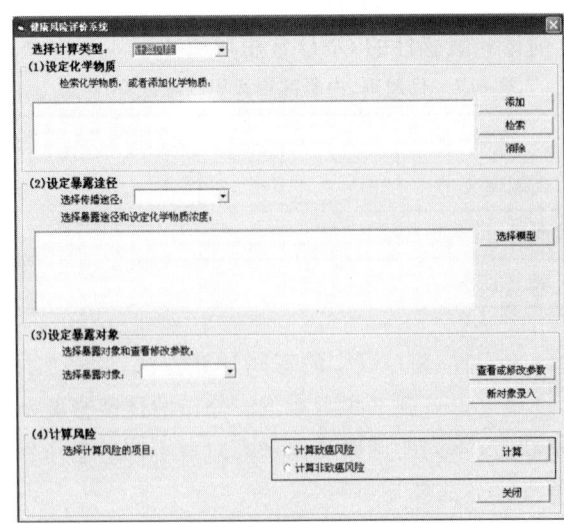

图 6.5　健康风险计算主界面

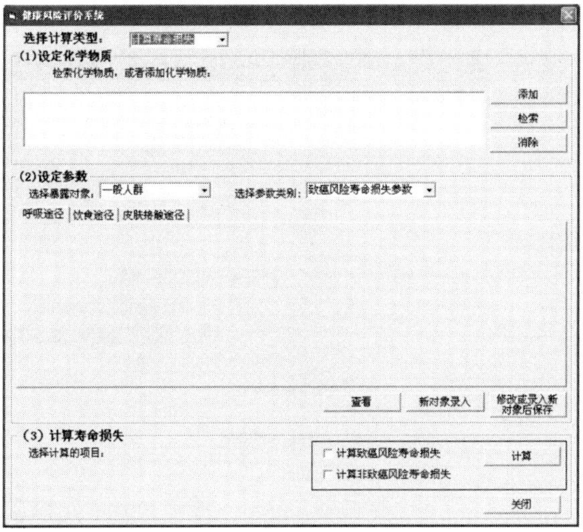

第六章 健康风险评价系统设计与实现

图 6.6 寿命损失计算界面

二、计算健康风险

"计算健康风险"(简称"计算风险")包括设定化学物质、设定暴露途径、设定暴露对象、计算风险等步骤。

1. 设定化学物质

对于"计算风险",设定化学物质主要指进行化学物质的检索、添加和删除(图 6.7)。点击"检索"按钮,弹出检索窗体(图 6.8),然后可以通过"中文名称"、"英文名称"或者 CAS 编号进行化学物质的检索,此检索是模糊检索,可以检索出所有包含此词语的化学物质,结果展现在"检索结果"下面的列表框中,然后在"检索结果"下面的列表框中选择需要的物质,添加到右边的列表框中,不需要的化学物质可以从右边列表框中删除,点"查看"按钮后,弹出"化学物质信息"窗体(图 6.9),可以对相关信息进行核对和查看;点击"添加"按钮后,弹出"化学物质信息"窗体,然后填写完信息后进行"提交";选中化学物质后,点击"消除"按钮,化学物质可从左边的列表框中删除;双击列表框中的化学物质可以查看化学物质的信息。以下是"检索"的流程,"添加"和"消除"比较简单不再给出截图。

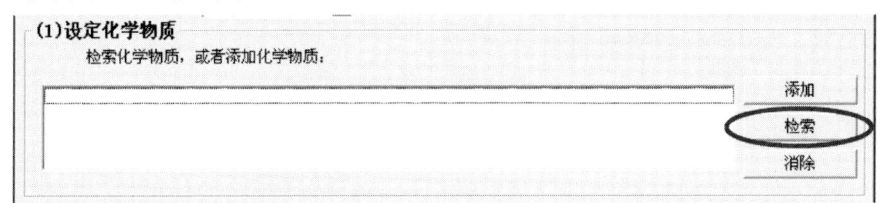

图 6.7 化学物质设定界面

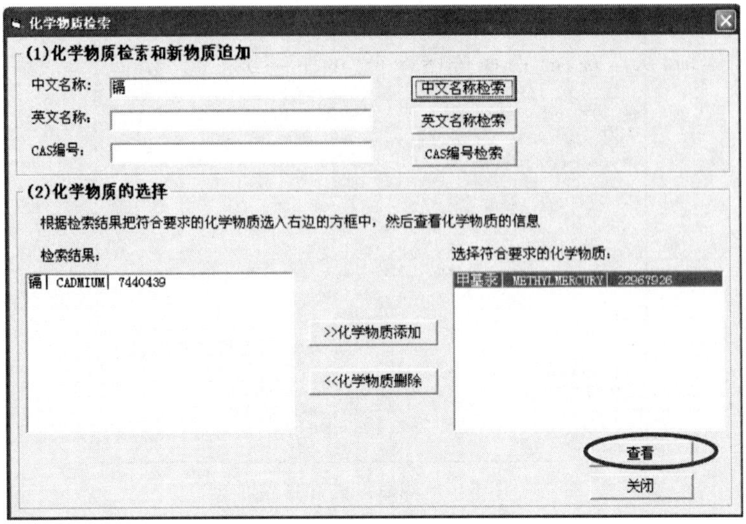

图 6.8 化学物质检索界面

图 6.9 化学物质信息界面

2. 设定暴露途径

对于"计算风险",选择"选择传播途径"中的"大气"、"地下水"、"地表水"、"土壤"、"食物"中的一项,然后选择"选择传播途径"的下一级传播途径,并且设置浓度,点击"选择模型",弹出"参数设置"窗体,如果有模型可以选择,则选择模型,如果无模型选择,则进行下一步。以下是有暴露模型的"设定暴露途径"的流程(图 6.10 至图 6.13),无模型的"设定暴露途径"比较简单,不再给出截图。

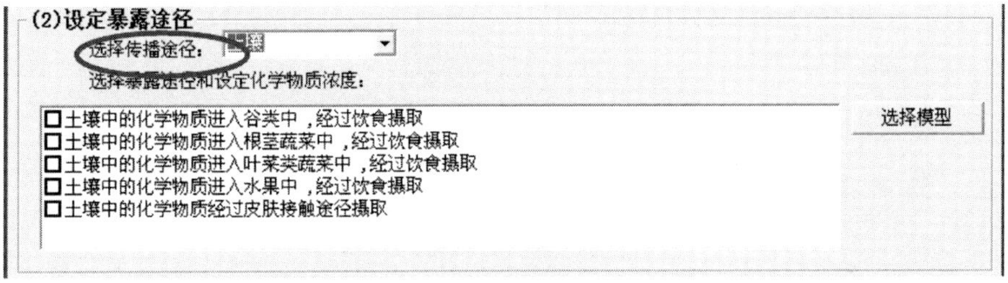

图 6.10　设定暴露途径界面

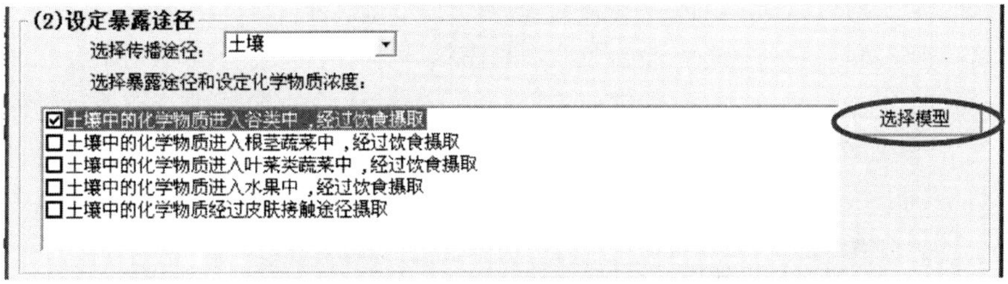

图 6.11　选择暴露途径界面

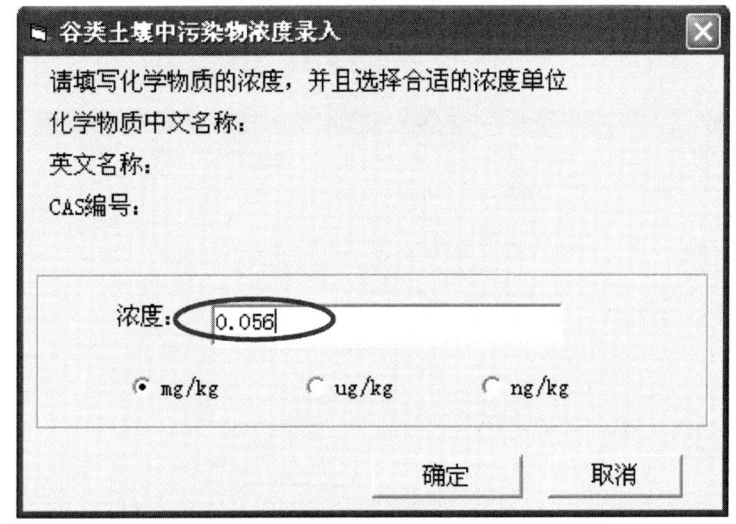

图 6.12　污染物浓度录入界面

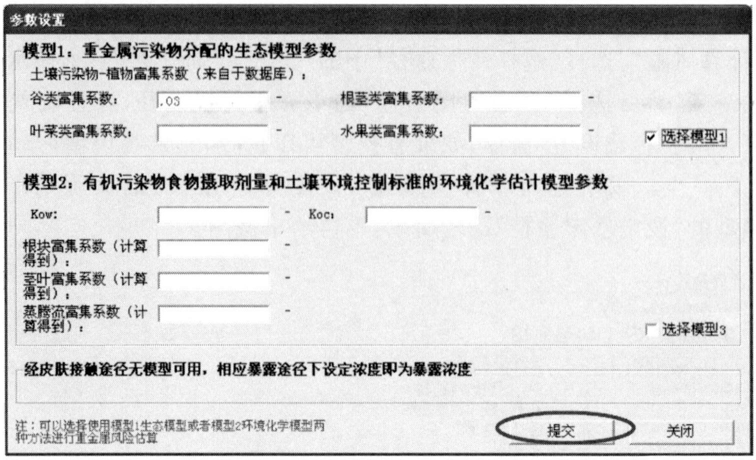

图 6.13 模型参数录入界面

3. 设定暴露对象

对于"计算风险",选择"选择暴露对象"中的"一般人群"、"一般男性""一般女性"、"辛庄镇一般人群"、"辛庄镇一般男性"、"辛庄镇一般女性"或者其他(图 6.14),点击"查看或修改参数",弹出"人群暴露信息"窗体可以对相关的参数进行查看、修改,然后提交,点击"新对象录入",弹出"人群暴露信息窗体",可以录入新的暴露人群的信息(图 6.15)。以下是设定暴露对象的流程,"新对象录入"比较简单,不再给出截图。

图 6.14 设定暴露对象界面

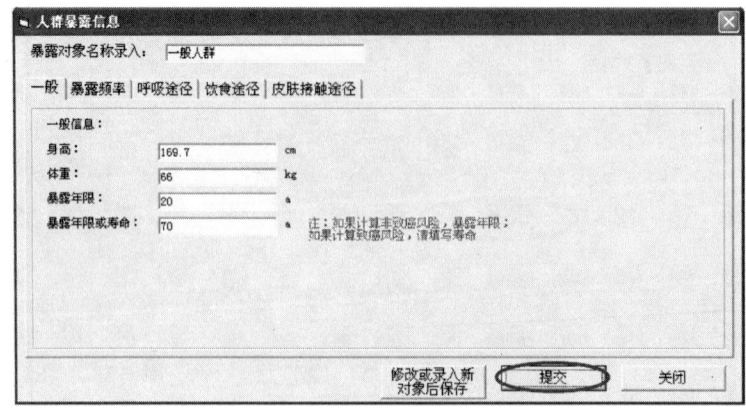

图 6.15 填写暴露信息界面

4. 计算风险

对于"计算风险",选择"选择计算风险的项目"中的"计算致癌风险"或"计算非致癌风险"中的一项,然后点击"计算"按钮,弹出计算过程参数设置,计算模型,计算结果的报表,点击"保存"对计算结果进行保存。以下是"计算致癌风险"的流程(图6.16和图6.17),"非致癌风险"与此类似,不再给出截图。

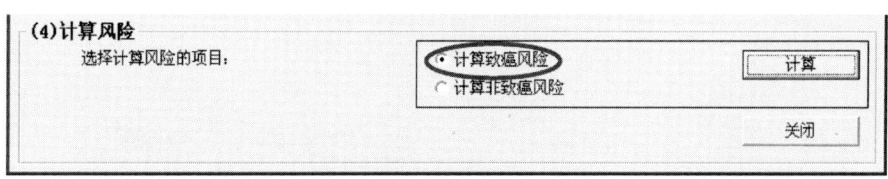

图 6.16　计算风险界面

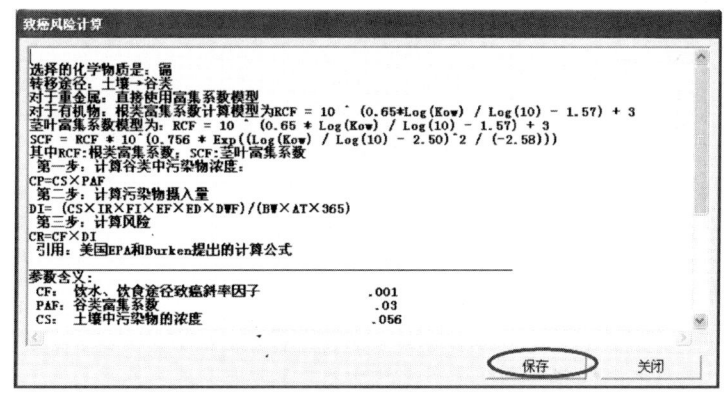

图 6.17　风险计算结果界面

三、计算寿命损失

"计算寿命损失"包括设定化学物质、设定暴露参数、计算寿命损失等步骤。其中,"计算寿命损失"的"设定化学物质"一步与"计算风险"中的相同。

1. 设定暴露参数

对于"计算寿命损失",选择"选择暴露对象"中的"一般人群"、"一般男性"、"一般女性"、"辛庄镇一般人群"、"辛庄镇一般男性"、"辛庄镇一般女性"等。我们曾经以江苏省常熟市辛庄镇为研究区域,进行了以膳食暴露途径为主的问卷调查,积累了相关数据,可作为本系统的一个示范案例。

计算致癌风险的寿命损失分为以下的步骤:(1)选择"选择参数类别"中的"致癌风险寿命损失参数",点击"查看"按钮,可以查看信息,如果需要对参数进行修改,修改后点击"修改或录入新对象后保存",可以把修改后的信息保存到数据库,方便下次查看,点击"新对象录入",可以录入新的暴露对象信息;(2)点击"选择此项目"复选框,表示对应的一组数据被选中,将参与运算,此处可以多选。流程见图6.18至图6.20。

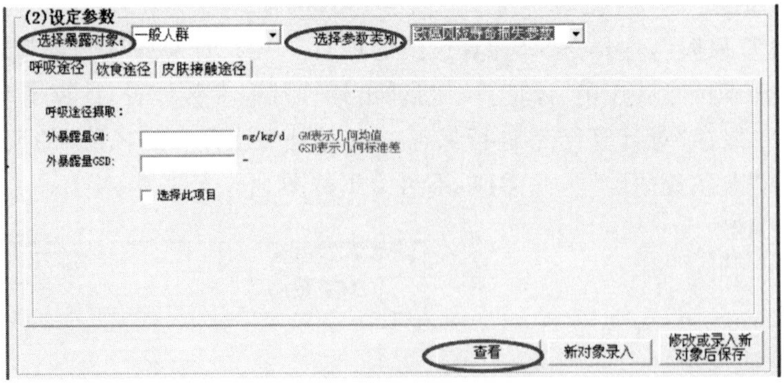

图 6.18　设定暴露参数界面

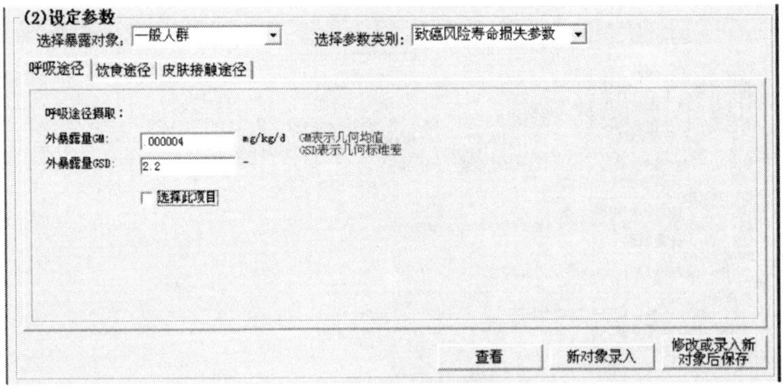

图 6.19　填写暴露参数界面

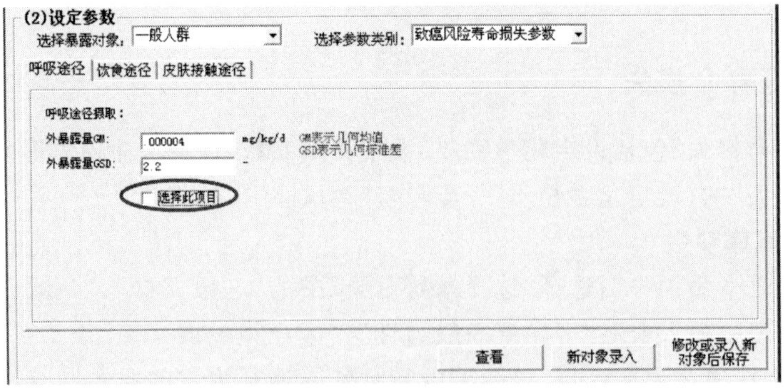

图 6.20　确认暴露参数界面

修改 GM 比较简单,直接输入就可以。修改 GSD 通过如下方法:(1)点击"外暴露量 GSD"文本框,弹出"计算 GSD"计算器;(2)对于计算致癌风险的寿命损失,只需要在 GSDe 文本框中(表示外暴露量 GSD)填写需要修改的数值,然后点击"计算",得到结果显示在 GSDr 文本框中,最后点击"提交",可以发现主窗体中"外暴露量 GSD"

文本框中的值被修改了。流程如图 6.21 至图 6.24 所示。

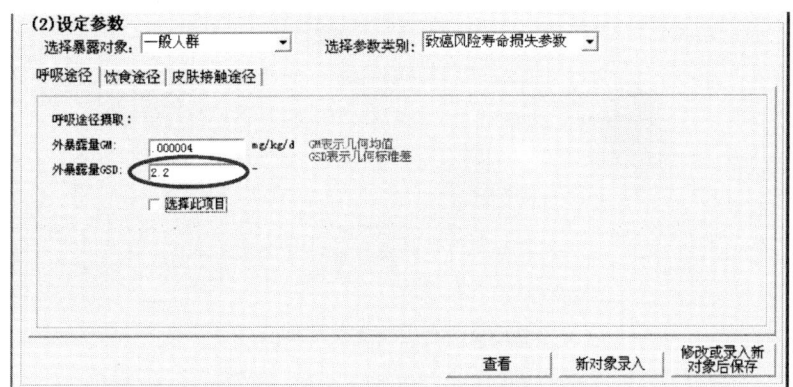

图 6.21　修改 GSD 参数界面

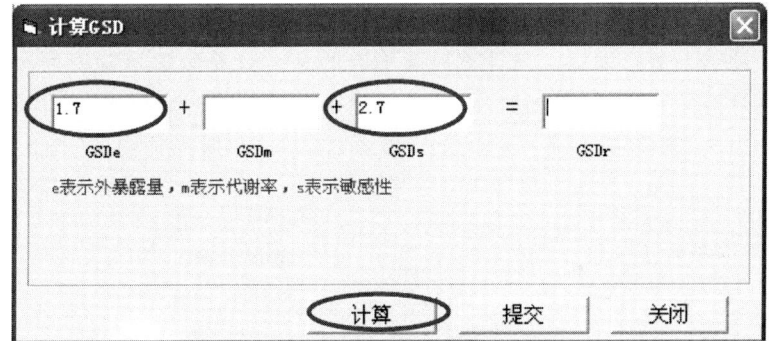

图 6.22　计算 GSD 参数界面

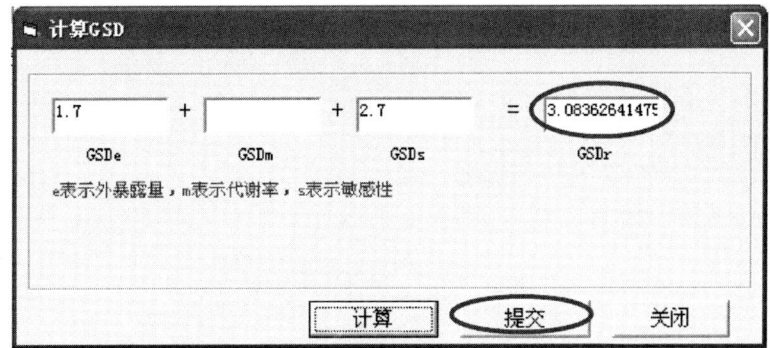

图 6.23　GSD 计算结果界面

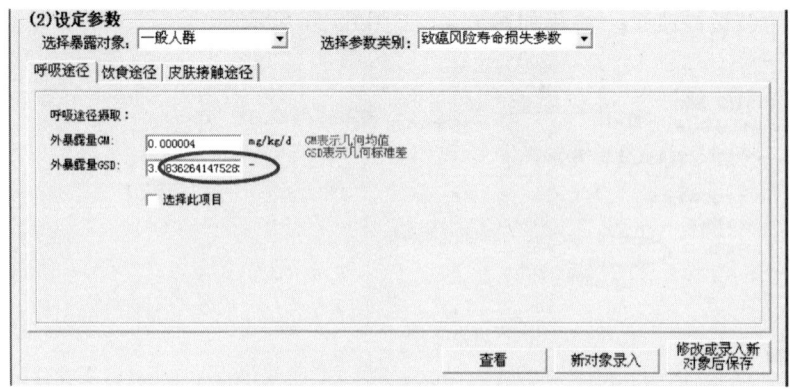

图 6.24　确认暴露参数界面

2. 计算寿命损失

对于"计算寿命损失",选择"计算致癌风险寿命损失"或"计算非致癌风险寿命损失"中的一项,然后点击"计算"按钮,弹出计算过程参数设置,计算结果的报表,点击"保存"对计算结果进行保存。与计算风险不同的是,"计算致癌风险寿命损失"和"计算非致癌风险寿命"损失可以同时点击,计算结果表示总的寿命损失,以下是"计算致癌风险寿命损失"的流程(图 6.25 和图 6.26),"非致癌风险寿命损失"与此类似,不再给出截图。

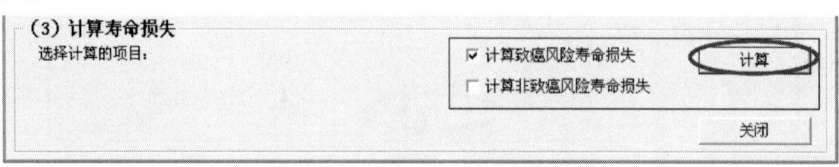

图 6.25　计算致癌寿命损失界面

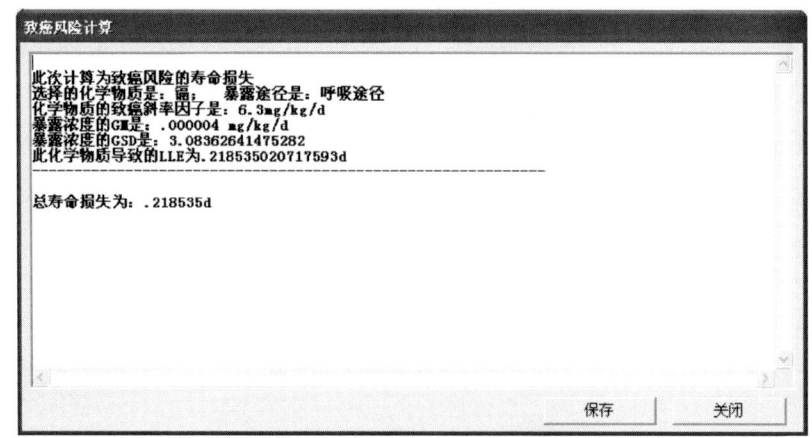

图 6.26　致癌寿命损失计算结果界面

第六章　健康风险评价系统设计与实现

"非致癌风险寿命损失"与此类似，有两点与"致癌风险寿命损失"不同，一是在毒性参数的选择上，因为非致癌风险寿命损失的内暴露阈值通常对应不同的器官，所以需要对此做出明确的选择，另外还可以针对不同的器官录入自己获得的阈值，作为计算非致癌风险寿命损失的毒性参数，使得计算非致癌风险寿命损失更加灵活，如图 6.27 和图 6.28 所示。

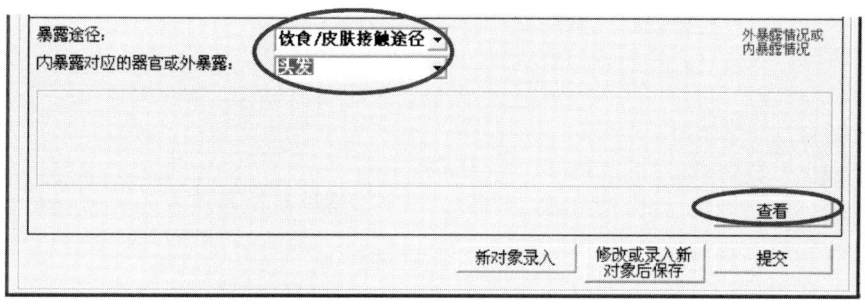

图 6.27　选择暴露途径界面

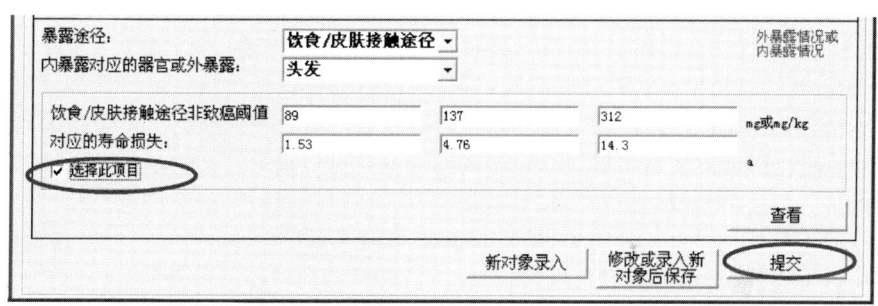

图 6.28　查看阈值界面

二是计算暴露量 GM，非致癌风险暴露 GM 有三种填写方式分别是"直接使用外暴露量 GM"、"直接使用内暴露量 GM"、"使用外暴露量 GM→内暴露量 GM"，这是由非致癌风险寿命损失阈值对应的内暴露或外暴露的不同情况决定，在使用的时候，可以选择适合的填写方式，如图 6.29 和图 6.30 所示。

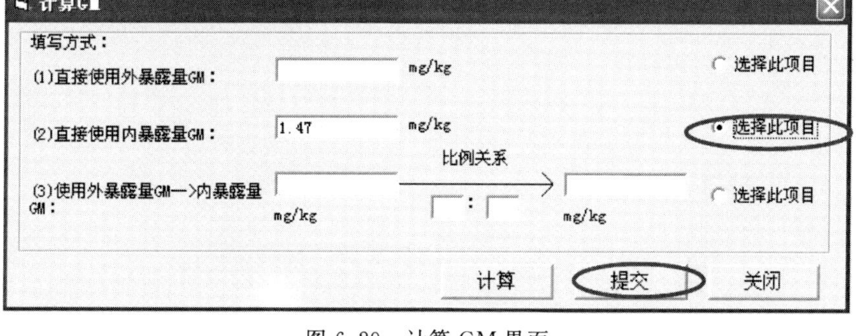

图 6.29　计算 GM 界面

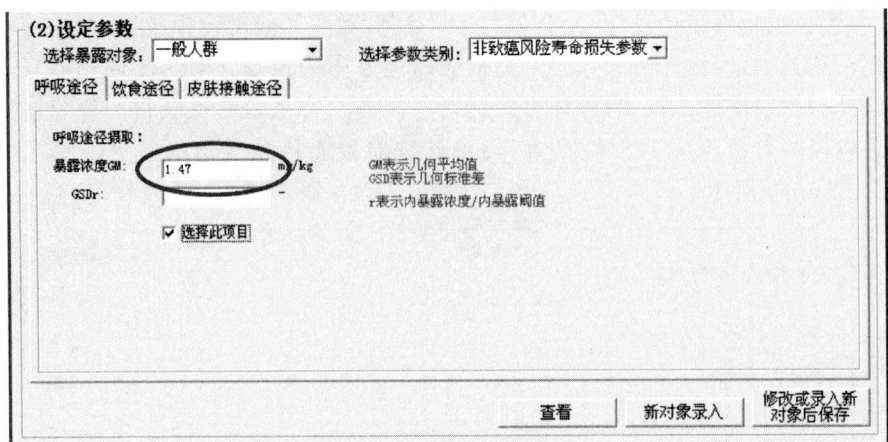

图 6.30 设定参数界面

参考文献

潘根兴, Andrew C. Chang, Albert L. Page. 2002. 土壤作物污染物迁移分配与食物安全的评价模型及其应用[J]. 应用生态学报, **13**(7): 854-858.

Gamo M, Oka T, Nakanishi J. 1995. A method evaluating population risks from chemical exposure: A case study concerning prohibition of chlordane use in Japan[J]. *Regulatory Toxicology and Pharmacology*, **21**: 151-157.

Gamo M, Oka T, Nakanishi J. 2003. Ranking the risks of 12 major environmental pollutants that occur in Japan[J]. *Chemosphere*, **53**: 227-284.

USEPA. 1995. Guidelines for Carcinogen Risk Assessment [M]. NCEA-F—0644.

USEPA. 1992. Guidelines for Exposure Assessment [M]. FRL—4129—5.

相关论文及其他

1. Cao HB, Ikeda S. 2000. Exposure Assessment of Heavy Metals Resulting from Farmland Application of Wastewater Sludge in Tianjin, China-The examination of two existing national standards for soil and for farmland-used sludge. *Risk Analysis*, **20**(5): 613-625.
2. Cao HB*, Suzuki N, Sakurai T, Matsuzaki K, Shiraishi H, Morita M. 2008. Probabilistic Estimation of Dietary Exposure of General Japanese Population to Dioxins in Fish, using Region-specific Fish Monitoring Data. *Journal of Exposure Science and Environmental Epidemiology*, **18**(3): 236-245.
3. 曹红斌*,于云江. 2008. 基于市场流通模型的一般居民有害污染物膳食暴露评价——以日本鱼贝类膳食摄入途径二恶英类暴露为例. 应用基础与工程科学学报, **16**(3): 403-413.
4. Jiang Y, Chen JJ, Cao HB*, Zhang J, Zhang H. Health Risk Assessment of Arsenic in Chinese Herbal Medicines, *3rd Annual Meeting of Risk Analysis Council of China Association for Disaster Prevention* (RACCADP), Nov 08-09, 2008.
5. Cao HB*, Suzuki N, Sakurai T. 2009. Probabilistic Estimation of Regional Dietary Exposure to Dioxins in Fish in Japan on the Basis of Market and Fish Distribution Network Data. *Human and Ecological Risk Assessment*, **15**(5): 890-906.
6. Cao HB*, Jiang Y, Chen JJ, Zhang H, Huang W, Li L, Zhang WS. 2009. Arsenic accumulation in Scutellaria baicalensis Georgi and its effects on plant growth and pharmaceutical components. *Journal of Hazardous Materials*. **171**(1-3): 508-513.
7. Cao HB*, Chen JJ, Zhang J, Zhang H, Qiao L, Men Y*. 2010. Heavy metals in rice and garden vegetables and their potential health risks to inhabitants in the vicinity of an industrial zone in Jiangsu, China. *Journal of Environmental Sciences*. **22**(11): 1793-1800.
8. Cao HB*, Zhu HY, Jia YJ, Chen JJ, Zhang H, Qiao L. 2011. Heavy Metals in Food Crops and the Associated Potential for Combined Health Risk due to Interactions between Metals. *Human and Ecological Risk Assessment*. **17**: 700-711.
9. 贾宜静,朱海燕,曹红斌,孟繁蕴. 生理药物代谢动力学模型及其应用. 环境与健康杂志, **28**(4): 372-375. 2011.
10. 软件著作权. 健康风险评价系统 HRAS V1.0. 软件著作权登记号:2009SR10991,授权日:2009.3.24.